专家与您手拉手系列丛书

辣(甜)椒
栽培技术问答

沈火林　张　煜　杨　辉　编著

中国农业大学出版社

图书在版编目(CIP)数据

辣(甜)椒栽培技术问答/沈火林,张煜,杨辉编著．—北京:中国农业大学出版社,2008.1
(专家与您手拉手系列丛书)

ISBN 978-7-81117-264-5

Ⅰ.辣… Ⅱ.①沈… ②张… ③杨… Ⅲ.辣椒-蔬菜园艺-问答 Ⅳ.S641.3-44

中国版本图书馆 CIP 数据核字(2007)第 176888 号

书　名 辣(甜)椒栽培技术问答
作　者 沈火林 张 煜 杨 辉 编著

策划编辑 张秀环　　**责任编辑** 张秀环
封面设计 郑 川　　**责任校对** 王晓凤 陈 莹
出版发行 中国农业大学出版社
社　址 北京市海淀区圆明园西路 2 号　　**邮政编码** 100193
电　话 发行部 010-62731190,2620　　读者服务部 010-62732336
编辑部 010-62732617,2618　　出 版 部 010-62733440
网　址 http://www.cau.edu.cn/caup　　**E-mail** cbsszs@cau.edu.cn
经　销 新华书店
印　刷 涿州市星河印刷有限公司
版　次 2008 年 1 月第 1 版　2009 年 1 月第 2 次印刷
规　格 890×1 168　32 开本　8.625 印张　191 千字　彩插 1
印　数 4 001～7 000
定　价 13.00 元

内容提要

本书以问答的形式，重点地介绍了与辣椒栽培直接有关的辣(甜)椒的植物学特征、生长发育和对环境条件的基本要求等，部分适宜栽培的优良品种，辣(甜)椒的育苗技术，露地栽培技术，简易覆盖栽培技术，以及大棚和温室中辣(甜)椒的栽培技术，病虫害防治等。本书内容全面，通俗易懂，实用性强，适于广大菜农、农业科技人员和科研人员、院校有关人员参考。

目　录

一、前　言

☞ 1.什么是辣椒、甜椒?

辣椒又名番椒,是各种类型有辣味的辣椒和无辣味的甜椒的总称,对采收青熟果的辣椒有时也称为青椒。甜椒主要是指没有辣味的灯笼型辣椒,有的地方也叫柿子椒、菜椒等。在四川等地将辣椒称为海椒,陕西等地称为辣子、秦椒等,贵州省称为辣角等。

☞ 2.辣椒栽培历史和发展前景如何?

辣椒原产于中南美洲热带地区,明朝末年传入我国。辣椒是我国人民喜食,各地普遍栽培,栽培面积较大的重要蔬菜和调味品,在解决蔬菜市场周年均衡供应中占有重要地位。由于生态环境和人们食用习惯不同,不同地区栽培的辣椒类型有所不同。我国北方大部分地区、华东东南沿海各省以栽培甜椒为主,东北等部分地区也栽培半辛辣的辣椒品种;西南、西北、中南、华南各地则以栽培辛辣和半辛辣型品种为主,形成了所谓的"辣带"。

在一些地区辣椒的加工、干制生产已具有相当的历史和生产规模,形成了一些有名的产区。如河北的望都、山东的益都、四川的成都、湖南的宝庆、重庆,形成了著名的"三都"、"两庆"辣椒生产区。近年来,随着我国"大生产,大流通"蔬菜生产格局的逐渐形成,较耐贮运的辣椒在全国不同的地区,形成了各有特色的规模化产区,如广东、海南、云南的冬季“南菜北运”生产基地,河北(张家口地区)、内蒙古、山西(长治市)、甘肃(掖县)的夏季“北菜南运”生产基地等。

辣椒具有较高的经济价值,在部分地区也是重要的出口创汇产品(脱水菜和干椒出口)。辣椒可食用青果(绿色),也可食用成熟(红或黄)果,采收期较灵活。辣椒可生食、炒食,还可腌制或加工成辣椒粉、辣椒酱、辣椒油等,干辣椒还可出口创汇,辛辣型品种还可作调味品。辣椒还可作为提取辣椒素或辣椒红素的原料,用途广泛。

辣椒产量高,较耐贮运,供应期长,结合全国不同地区的气候特点进行适地生产和调运,并结合不同类型的保护地生产,一些主要的大城市基本可达到周年供应。栽培辣椒用工少,不需架材等其他投入,栽培成本低,无论是露地还是保护地栽培辣椒均是菜农减少投入、增加收益的有效致富途径。

3. 辣椒果实中含有哪些主要营养成分?辣椒为什么有辣味?

辣椒果实中的辛辣味是由于辣椒果实中含有一种辣椒素(8-甲基-6-癸烯酸的香草基胺,分子式 $C_{16}H_{27}NO_3$)。果实成熟过程中辣椒素含量逐渐增加,未成熟的果实辣味较淡,成熟的果实辣味较浓。一般大果型的品种辣味淡,甚至没有辣味,而小果型的品种如尖椒、朝天椒、线椒等辣味很浓。辣椒素在果实中的分布极不均匀,隔膜和胎座中含量高,果皮和种子中含量较低。不同类型的辣椒品种间辣椒素含量差别很大,大多数带辣味的辣椒品种辣椒素含量在0.2%～0.5%之间。辣椒素的含量也与果实发育时的环境条件有关，在高温和强日照下发育的果实辣椒素含量较高。辣椒中的辣味成分能刺激食欲，促进血液循环。

☞ 4. 辣椒对人身体有什么药用和保健效果？

当辣椒的辣味刺激舌头、嘴的神经末梢，大脑会立即命令全身“戒备”：心跳加速、唾液或汗液分泌增加、肠胃加倍“工作”，同时释放出内啡肽。若再吃一口，脑部又会以为有痛苦袭来，释放出更多的内啡肽。持续不断地释放出的内啡肽，会使人感到轻松兴奋，产生吃辣后的“快感”。吃辣椒上瘾的另一个因素是辣椒素的作用。当味觉感觉细胞接触到辣椒素后会更敏感，从而感觉食物的美味。

在人们吃辣椒时，只要不将口腔辣伤，味觉反而敏感了。此外，在食用辣椒时，口腔内的唾液、胃液分泌增多，胃肠蠕动加速，人在吃饭不香、饭量减少时，就产生吃辣椒的念头。事实上，不管吃辣成瘾与否，适量吃辣椒对人体有一定的食疗作用。

辣椒有健胃、助消化的作用：如前所述，辣椒对口腔及胃肠有刺激作用，能增强肠胃蠕动，促进消化液分泌，改善食欲，并能抑制肠内异常发酵。我国一些医学、营养专家对湘、川等省进行调查，发现这些普遍喜食辣椒的省区，胃溃疡的发病率远低于其他省区。这是由于辣椒能刺激人体前列腺素的释放，有利于促进胃黏膜的再生，维持胃肠细胞功能，防治胃溃疡。

辣椒可以预防胆结石：常吃青椒能预防胆结石。青椒含有丰富的维生素，尤其是维生素 C，可使体内多余的胆固醇转变为胆汁酸，从而预防胆结石，已患胆结石者多吃富含维生素 C 的青椒，对缓解病情有一定作用。

红辣椒有防治乳腺癌的效果:研究人员最近发现,红辣椒等“红皮”水果和蔬菜对乳腺癌等肿瘤疾病有防治作用。

辣椒对改善心脏功能有一定的作用:以辣椒为主要原料,配以大蒜、山楂的提取物及维生素 E,制成“保健品”,食用后能改善心脏功能,促进血液循环。此外,常食辣椒可降低血脂,减少血栓形成,对心血管系统疾病有一定预防作用。

牙买加的科学家通过实验证明,辣椒素能显著降低血糖水平。另外,研究发现辣椒素能缓解诸多疾病引起的皮肤疼痛。

辣椒有减肥的作用:辣椒含有一种成分,能有效地燃烧体内的脂肪,促进新陈代谢,从而达到减肥的效果。在日本市场上,已有多种适合女性食用的辣椒制品。

但部分人群不宜食用辣椒。痔疮患者如果大量食用辣椒等刺激性食物,会刺激胃肠道,使痔疮疼痛加剧,甚至导致出血等症状,痔疮患者应多饮水,多吃水果,少吃或不食辣椒。红眼病、角膜炎等眼病患者吃辣椒会加重眼病。在治疗过程中,大量食用辣椒、生姜、大蒜、胡椒、芥末等辛辣食品,也会影响疗效。患有慢性胆囊炎者应忌食辣椒、白酒、芥末等辛辣食物,因为这些食物均有刺激胃酸分泌的作用,易造成胆囊收缩、诱发胆绞痛。吃辣椒虽能增进食欲,但肠胃功能不佳者食用辣椒,会使胃肠黏膜产生炎症,应忌食辣椒。有发热、便秘、鼻血、口干舌燥、咽喉肿痛等热症者,吃辣椒也会加重症状。口腔溃疡者对咸、辣、酸、苦等味道敏感,吃辣椒会加重疼痛。另外,产妇在产后 1 周内,吃辣椒不但使自己“上火”,出现大便秘结等症状,而且还会影响婴儿,使婴儿内热加重。

二、辣椒生长发育特点与栽培的关系

☞ 5.辣椒根系有什么特点？栽培中应如何保护？

辣椒属浅根性植物，根系发育较弱，木栓化程度较高，再生能力差，根量少，茎基部不易发生不定根。辣椒根系也不如番茄、茄子等发达，更不如番茄那样长不定根。移植的辣椒由于主根被切断，深度一般为25～30厘米，根系主要分布在5～20厘米土层内。辣椒的根系不耐旱，又怕涝，对氧气要求严格。所以，栽培时宜选择通气性良好的肥沃土壤。栽培时最好采用纸筒、塑料营养钵、穴盘育苗等护根育苗措施。定植的苗龄不能过大，采用养地苗的应在定植前囤苗，促进白色新根的发生和带土坨定植。育苗和移植过程中注意保护根系是辣椒早熟丰产栽培的重要环节之一。

☞ 6.辣椒的分枝习性与栽培中的整枝管理的关系如何？

绝大多数辣椒品种的分枝习性属无限分枝型，少数品种如天鹰椒等为有限分枝型。

无限分枝型品种当主茎长到一定叶片数（一般在4～16片叶）时，顶端分化成花芽，形成第一朵花，在花蕾下2～3节生出2～3个侧枝，以后每个侧枝顶芽又分化为花芽，形成第二层花，花下又形成2～3个侧枝，在生长条件较好时可不断分化形成花朵和侧枝。果实着生在分杈处。辣椒一般为二杈分枝，其中一条分枝生长较强，另一条分枝生长较弱，特别是植株的中上部这种现象更为明显。栽培中可根据生长情况，适当地疏去弱枝，以改善田间通风透光和节约植株养分。在温室中进行长季节栽培时，应进行整枝，去除弱小的侧枝，每株根据栽培的密度选留 2～4 个主干，使植株保存旺盛的生长能力。当温差较大，肥力充足，植株生长健壮时会出现三杈分枝，同时分枝特性也与品种有关。对于无限分枝的品种创造适宜的环境条件，保持植株不断地旺盛分枝，有利于辣椒丰产。

有限分枝类型植株较矮小，主茎生长到一定叶数后，顶部出现花簇封顶，在植株顶部形成多个果实。下部的叶腋处还可产生一级侧枝，在生长良好时一级侧枝上还可产生二级侧枝，侧枝顶端也形成花簇封顶。侧枝发生能力与品种有关。这一类型品种产量较低，一般作干椒或观赏栽培。如生产干椒的天鹰椒等属此类型。栽培中一般密度较高。

辣椒主茎各节均可抽生侧枝，侧枝过度生长消耗养分，同时影响田间通风透光，对于易发生侧枝的辣椒品种，应及时打去基部侧枝。一般栽培中分杈以上的枝条不再整理。但在保护地中进行彩椒栽培或长季节栽培时一般均要整枝，要打去生长较弱的分枝，一株保留 3～4 个主干以保持旺盛生长和必要的通风透光，改善果实的品质。

☞ 7. 辣椒叶片与栽培环境有何关系？辣椒叶片是否可食用？

辣椒种子播种出苗后，最早出现的两片扁长形的叶称为子叶。以后再长出的叶称为真叶。子叶展开初期呈浅黄色，以后逐渐转绿色。在真叶出现前子叶是辣椒唯一的同化器官，所以，子叶生长的好坏直接影响幼苗的生长，同时也可从子叶的生长状况来判断幼苗生长是否正常。如当土壤水分不足时，子叶常不舒展；水分过多或光照不足时子叶发黄；当水分供应不均，温度变化大时子叶易脱落。

辣椒的真叶为单叶、互生，叶面光滑，微有光泽，叶片绿色，但不同的品种深浅有所区别。叶片圆形、披针形或椭圆形全缘。一般大果型品种叶片较大，微圆；而小果型品种叶片较小、微长。叶片的主要功能之一是进行光合作用，制造养分，叶片是制造有机物的“工厂”。辣椒要高产，必须要有生长正常的大量叶片，叶片是辣椒丰产的基础。

叶片的生长状况也能反映辣椒植株的健壮程度。当氮素充足时，叶形长；钾素充足时叶幅较宽。氮肥过多或夜温过高时，叶柄较长，先端的嫩叶凹凸不平；低夜温时叶柄较短；土壤干燥时，叶柄稍弯曲，叶身下垂；土壤湿度过大时，整个叶身下垂。

辣椒叶也是一种腌渍小菜、煮汤、炒食的好原料。用无病虫害的鲜嫩叶片，洗净后食用或用盐稍加腌渍，取出拌些配料即可食用。辣椒叶的营养价值比辣椒果实还丰富，测定表明，辣椒叶中的蛋白质氨基酸种类齐全，总量高出辣椒果实 3 倍，矿物质除了镁含量略少于果实外，其他微量元素铁、锰、铜、锌等叶中含量均高于果实，硒的含量也高出果实近 1 倍，叶中的含钙量比果实高 3 倍，此外，叶中还含有丰富的胡萝卜素和各种维生素等营养物质。

8. 环境和植株生长状况对辣椒花的形成有什么影响？什么是中花柱花、短花柱花和长花柱花？

辣椒花为白色或绿白色，两性花。由花萼、花冠、雄蕊、雌蕊等部分组成。雄蕊由5～6个花药组成，围生于雌蕊外面。根据花药与雌蕊柱头的相对位置可分为中花柱花、短花柱花和长花柱花（图1）。雄蕊的花药与柱头平齐的称为中花柱花；柱头略高出花药的称为长花柱花。中花柱和长花柱花授粉受精正常，可正常结果，而短花柱花花粉不易落到柱头上，一般均坐不住果，即使人工授粉，也由于雌蕊的子房发育不完全而不易结果。所以，生产中要减少短花柱花的出现；在杂交种的生产中也不能选短花柱花去雄授粉。

①中花柱花　②短花柱花　③长花柱花

图1　辣椒不同的花柱花

当植株生长正常，环境和营养条件适宜时有利于形成长花柱花，在不良的营养和环境条件下会形成短花柱花，不利于提高坐果率。生长旺盛的侧枝营养条件较好，利于形成正常花，而生长较弱的侧枝营养条件差，易形成短花柱花。辣椒栽培中，如果浇水过多，幼苗生长过旺，花的素质较差，易落花；当浇水过少，土壤过干时，植株生长势弱，也影响花的素质，显著影响开花和坐果。

☞ 9.辣椒花芽分化有什么特点？什么叫门花、对花、四门斗、八面风和满天星？

生长正常的幼苗在 3～4 片真叶时就开始进行花芽分化。从花芽开始分化到开花约需 1 个月时间。当花芽分化到萼片形成期或花瓣形成期时，在花芽的两侧各产生一个突起，后逐渐发育成为侧枝，即二杈分枝。在前一个花芽分化过程中，侧枝芽在约分化出 3 个叶原基后，也按上述过程进行下一层花的花芽分化和发育过程。当植株长到 11 片真叶时已能形成 28 个左右的花芽，所以，育苗期间的环境条件对前期的坐果有重要的影响。

辣椒第一分杈出现的花俗称门花，结的果实俗称门椒，第二层花俗称对花，结的果实俗称对椒，第三、四层分别称为四门斗、八面风，再向上花很多称为满天星。

☞ 10.辣椒果实有哪些类型？果实需生长多少天才能成熟？

辣椒果实为浆果，由子房发育而成的真果，食用部分为果皮。果实形状很丰富，有灯笼形、扁柿形、牛角形、羊角形、长锥形、指形、樱桃形、线形等。果实重量由几克到 400 克，一般果实有 2～4 个心室。未熟果一般为绿色，绿色深浅有所不同，个别品种青果为白色、紫色、黄白色等。成熟果一般为红色，少数品种成熟果为黄色、橘红色。辣椒果实从开花到商品果成熟(果实充分膨大达绿熟期)需25～35天,到生理成熟(红熟期)需45～60天。但在温度较低的冬季保护地中开花到果实生理成熟约需100天。

11.辣椒在不同的生长发育期管理的主要目标是什么?

辣椒的生长发育周期可分为发芽期、幼苗期、开花坐果期和结果期。

发芽期:从种子发芽到第一片真叶出现(破心)为发芽期。正常条件下这一时期约需7天。发芽期的管理目标是保证辣椒迅速、整齐地出苗,做到苗齐苗壮。这一时期种子发芽和幼苗生长主要靠种子内贮存的养分,所以,种子质量会影响出苗和苗齐苗壮。

幼苗期:从第一真叶出现至开始现蕾为辣椒的幼苗期,需60～70天。这一阶段的目标是要培育茎秆粗壮、根系发达、无病虫害的壮苗。徒长或老化苗不利于花芽分化,会严重影响以后的开花坐果。

开花坐果期:辣椒是连续开花和结果的蔬菜,只要生长的环境条件适宜就会不断地开花结果。开花结果期是指辣椒的门花出现大花蕾到坐果这一时期。这一时期生长量较大,植株的各个器官生长迅速,同时又是植株以营养生长为主转向生殖生长与营养生长并举的关键时期,管理的好坏直接影响辣椒的早期产量和总产量。所以,这一时期常结合肥水管理进行适当蹲苗,以调节植株地上部和地下部、营养生长和生殖生长的关系,使植株很好地坐果,促进早熟丰产。

结果期:从门椒坐住一直到收获结束为止。这一时期的长短因不同地区和栽培方式而不同。这一时期秧、果同时生长，营养生长和生殖生长的高峰相继周期性出现，坐果也呈周期性变化。结果期间当植株上结果增加时，新开的花质量下降，短花柱花增加，坐果率下降。当果实被摘除后，减少了植株上果实数或生长时间，养分消耗少，花的质量就提高，开花数和坐果率又恢复正常。在结果初期，由于植株较小，营养不足，果实应适当早采收，促进以后正常地开花和坐果。管理上要特别加强肥水管理，促进早熟丰产。

12. 辣椒生长发育适宜温度是多少？

辣椒的生育适温是 12～35℃，低于 12℃或高于 35℃均不宜生长。10℃以下生长停止，5℃以下植株受不同程度的冷害，0～1℃以下易受冻害。辣椒种子发芽的适温为 25～30℃，需要 4～5 天。温度低于 10～12℃时发芽困难。幼苗出土后以白天 20～22℃，不超过 25℃，夜间 15～18℃为宜。出苗后适当降低温度有利于防止下胚轴过于伸长而形成“高脚苗”。植株茎叶生长的适温是白天 27℃左右，夜间 16～20℃，8～10℃的昼夜温差有利于辣椒的生长发育。植株开花授粉的适温为 20～27℃，低于 15℃或高于 35℃不利于授粉受精（影响花粉的萌发），易造成落花落果。所以，在夏天等高温季节栽培辣椒，特别是在温度超过 30～35℃的天气，辣椒往往不易坐果，且易发生病毒病。而在冬季保护地栽培辣椒时，常因温度偏低，而不易坐果。一般大果型辣椒品种比小果型品种更不耐高温。

13. 辣椒对光照要求有什么特点？保护地栽培辣椒为什么比露地产量高？

辣椒的光饱和点为 3 万～4 万勒克斯，光补偿点为

1 500 勒克斯，比一般果菜类低，较耐弱光，怕暴晒。我国北方等地春、夏季一般光强达 4 万～8 万勒克斯，最高可达 16 万勒克斯，光照过强，不利于辣椒生长，且易发生病毒病和日烧病等，所以露地栽培的辣椒采用一定的遮阴保护，或与高秆作物间作，有利于辣椒获得高产。特别是在保护地中栽培产量高，品质好。一般适度遮阴（遮光 30%）有利于提高产量和质量，在大棚等保护地中栽培的辣椒光合速率高于露地辣椒是其丰产的主要原因之一。同时保护地栽培延长了辣椒的生长期，果实的采收期相对加长，总产量较高。

当光照太弱，强度低于光补偿点时，植株节间长，茎细而高，叶薄色淡，植株生长弱，易落花、落果，抗逆性差；强光时，节间短，茎粗，叶厚、色深，抗逆性强。辣椒对日照长短要求不严，但较长的日照有利于光合作用积累养分，有利于果实肥大。

14. 辣椒根系特点与浇水管理关系如何？

辣椒根系不发达，不耐旱，又不耐涝，要求湿润疏松的土壤。植株需水并不很多，但由于其根系不发达，需经常供水才能保证丰产优质。辣椒又怕积水，如果辣椒淹水数小时，根系缺氧窒息，植株就会萎蔫，甚至成片死亡。

辣椒在种子发芽时需要吸收较多的水分，催芽前要先浸种，使种子充分吸收水分，促进发芽。幼苗期水分不宜过多，如果水分过多，根系生长不良，易造成幼苗徒长。育苗期间土壤水分过多，同时地温又较低时易造成“沤根”。苗期水分过多或干旱交替出现时易造成子叶或下部幼叶脱落。定植后植株生长量较大，需水增加，但定植初期仍应控制水分，以促进植株根系生长，促进开花坐果。开始开花坐果时，水分过多或过少均会引起落花落果。进入果实膨大期，生长量大，应给予充足的水分，促进果实膨大，提高产量和品质，这是获得高产优质的关键之一。

空气湿度过大不仅易引起病害，也易引起落花；空气过于干燥也会造成落花落果，土壤过于干旱，易引发病毒病。

15. 什么样的土壤适于种辣椒？栽培辣椒施肥有什么特点？

栽培辣椒以排水良好的肥沃壤土为宜，pH 值为 6.2～7.2。由于辣椒根系生长较弱，所以对土壤的要求较严格，大果型辣椒比小果型辣椒要求更高。

辣椒生长期间要求充足的氮、磷、钾和微量元素。幼苗期虽需肥量不大，但对肥料的质量要求较高，一般以施入充分腐熟的有机肥为主，同时配合施入磷、钾肥，以促进幼苗的花芽分化。当磷肥不足时，花形成迟缓，花少，同时易形成短花柱花。初花期植株开始发育，可适当施入少量氮、磷肥，但施肥不能过多，以免植株徒长，开花推迟。收获期对氮、磷、钾肥需求很大，应加强追肥浇水，提高产量和品质。辣椒的辣味也受氮、磷、钾的含量比例的影响，当氮肥多，磷、钾肥少时，辛辣味低；氮肥少，而磷、钾多时则辣味浓。

辣椒为陆续成熟，多次采收的蔬菜，产量高，需肥量大。在采收期一般每次采收前 2 天左右追施一次肥。而对越夏栽培的植株，平衡多施氮、磷、钾肥有利于发生新生枝叶，有利于茎秆粗壮，增加植株的抗病性和抗逆性。

三、类型与品种选择

☞ 16. 当前栽培的辣椒有哪些类型？

根据辣椒的辣味程度，可将辣椒分成两大类：一类是带有辣味的辣椒；另一类是不带辣味的甜椒，也称柿子椒。带辣味的辣椒根据其辣味的程度还可进一步分为半辛辣型和辛辣型辣椒。辛辣型辣椒品种的果实大多较小或细长，辣味很浓，适于作干椒、做酱或调味品等。而半辣型品种相对果实较大，如灯笼形半辣品种、牛角形、羊角形半辣品种等，大多用于炒食。甜椒果实大多为灯笼形或柿子形。

根据果实的形状，可分为柿饼形、灯笼形、圆锥形、马嘴形、牛角形、羊角形、线椒等类型。一般果实越小辣味越浓。根据成熟期的早晚，可分为早熟、中熟、晚熟等品种。

☞ 17. 目前栽培的甜椒品种主要有哪些？

甜椒的品种很多，不同的地区主栽的品种也有较大的差别，选择品种时要根据当地的生态条件和人们对果实(商品性)的喜好等而定。

茄门：上海市地方品种。中晚熟品种，多为露地栽培，也可进行保护地栽培。植株生长势强，株高 65 厘米左右，开展度 60～70 厘米，茎粗壮，叶片多而肥大，一般主茎 13 节左右着生第一花。果实方灯笼形，四棱，果顶凹陷，果肩平，果深绿色，果面光滑，果肉厚约 0.4 厘米，单果重 150 克。果实较耐贮运。目前在内蒙古、宁夏等地仍有栽培。

农大40号：中国农业大学育成的中晚熟品种。该品种生长势强，抗病性和丰产性强。果实灯笼形，果色浓绿，果大肉厚，单果重150克左右，果面光滑，品质优良。该品种适应性广，可在全国大多数地区种植。

农发：中国农业大学选育的中熟品种。该品种长势强，株高大，果实发育速度快。果实绿色，长灯笼形，果大，肉厚，单果重可达150～200克，品质极佳，商品性好。适于北方各地栽培。

海丰5号：北京市海淀区植物组织培养实验室育成的早熟一代杂种。植株长势较强，株高70厘米，开展度50厘米，抗逆性较强。门花着生于第9节，果实长方灯笼形，浓绿色，果肉较厚，果面光滑，单果重80克左右，连续坐果性强。抗TMV，耐CMV。适于露地或拱棚保护地早熟栽培。

中椒4号：中国农业科学院蔬菜花卉研究所育成的中晚熟一代杂种。株高56厘米，开展度54厘米。果实为灯笼形，果面光滑，深绿色，单果重140克，果肉厚0.5～0.6厘米，品质优良。耐病、耐热性强。适于恋秋栽培或华南等地冬季栽培。

中椒5号：中国农业科学院蔬菜花卉研究所育成的中早熟一代杂种。连续结果性较强，果实灯笼形，果色绿，单果重80～100克。适于保护地或露地早熟栽培。

中椒7号：中国农业科学院蔬菜花卉研究所选育的早熟一代杂种。株高65厘米，开展度60厘米。第一花着生于8～9节。该品种生长势较强，果实灯笼形，果色深绿，果大，平均单果重120克左右，肉厚0.4厘米左右，味甜质脆。耐病性强。一般亩产4 000千克左右。适于保护地和露地早熟栽培。

甜杂1号:北京市蔬菜研究中心选育的早熟一代杂种。1986年通过北京市农作物品种审定委员会审定。植株生长势强,门花着生在11～12片叶。果实圆锥形,绿色,单果重50克,果肉厚0.4厘米,每100克鲜重含维生素C 74毫克。耐TMV。适于保护地栽培。

甜杂2号:北京市蔬菜研究中心育成的早熟一代杂种。1988年通过北京市农作物品种审定委员会审定。植株长势强,多为三杈分枝。门花着生于第11片叶。果实灯笼形,绿色,单果重50克。果肉厚0.35厘米。抗TMV,耐CMV。适于保护地和露地栽培。

甜杂3号:北京市蔬菜研究中心选育的中早熟杂种一代。多为三杈分枝,第12片叶着生第一花。果实灯笼形,青熟果深绿色,单果重100克以上。果肉厚4毫米。抗TMV,耐CMV,适于保护地及露地栽培。

甜杂6号:北京市蔬菜研究中心选育的早熟杂种一代。多为三杈分枝,第11片叶着生第一花。果实灯笼形,单果重80克左右。果肉厚4毫米。抗TMV,耐CMV,适于保护地及露地早熟栽培。

冀椒2号:河北省农业科学院蔬菜花卉研究所育成。1994年通过河北省品种审定委员会审定。株高75厘米,株幅65厘米,植株茎秆粗壮,分枝较细。第一花着生于9～10节。果实灯笼形,浅绿色,果面3～4条纵沟,肉厚4毫米,单果重75克左右。早熟,生长势强,较抗病毒,适于保护地栽培。

北星三号(内椒三号):内蒙古农业科学院蔬菜研究所育成。植株生长势旺,株型直立紧凑,株高55～60厘米,株幅40～45厘米。门花着生于8～9节,果实方灯笼形,果面光滑,3～4心室,果实横径9厘米,纵径9.5厘米,单果重120～150克,味甜质脆。中早熟,定植至始收45天,较抗病毒病,耐热性较强,适于保护地种植。

北星七号(内椒四号):内蒙古农业科学院蔬菜研究所育成。植株生长势强,茎秆粗壮,株型直立高大,株高65厘米,株幅50～55厘米。门花着生于11～13节,果实长灯笼形,深绿色,果实横径7厘米,纵径12厘米,单果重130～200克,味甜质脆。中晚熟,耐贮运。定植至始收55天,较抗病毒病,适宜露地栽培。

农大505:中国农业大学蔬菜系育成。中早熟丰产型一代杂种。灯笼形甜椒,商品果白绿色,坐果性好。单果重130克左右,抗病毒病,适应性强。本品种较早熟、坐果多,栽培中注意培育壮苗,生长期保持较高的肥水条件,促进果实充分生长发育。适宜保护地和露地早熟栽培。

农大506:中国农业大学蔬菜系育成。中熟丰产型一代杂种。长方灯笼形甜椒,商品果绿色,生理成熟果红色。坐果性好。单果重180克左右,抗病毒病,适应性强。本品种坐果多,栽培中注意培育壮苗,生长期保持较高的肥水条件,促进果实充分生长发育。适宜保护地和露地栽培。

农大507:中国农业大学蔬菜系育成。中熟丰产型一代杂种。方灯笼形甜椒,商品果绿色,生理成熟果橘红色。坐果性好。单果重200克左右,果实较硬,耐贮运。也可作彩椒栽培。抗病毒病,适应性强。本品种坐果多,栽培中注意培育壮苗,生长期保持较高的肥水条件,促进果实充分生长发育。适宜保护地和露地栽培。

农大508:中国农业大学蔬菜系育成。中早熟丰产型一代杂种。方灯笼形甜椒,商品果绿色,生理成熟果橘红色。坐果性好。单果重180克左右,果实较硬,耐贮运。也可作彩椒栽培。抗病毒病，适应性强。本品种坐果多，栽培中注意培育壮苗，生长期保持较高的肥水条件，促进果实充分生长发育。适宜保护地和露地栽培。

农大509：中国农业大学蔬菜系育成。中早熟丰产型一代杂种。方灯笼形甜椒，商品果绿色，生理成熟果红色。坐果性好。单果重220克左右，果实较硬，耐贮运。也可作彩椒栽培。抗病毒病，适应性强。本品种坐果多，栽培中注意培育壮苗，生长期保持较高的肥水条件，促进果实充分生长发育。适宜保护地和露地栽培。

农大610：中熟丰产型一代杂种。长灯笼形，商品果绿色，生理成熟果红色。连续坐果性好。单果重250克左右。抗病毒病，适应性强。适宜保护地和露地栽培。本品种坐果多，栽培中注意培育壮苗，生长期保持较高的肥水条件，促进果实充分生长发育。适宜保护地和露地栽培。

18. 目前栽培的彩椒品种主要有哪些？

目前栽培的彩椒品种主要是由荷兰、以色列等进口。

红英达：先正达种子公司推广的红色彩椒品种。植株生长势旺，易坐果，采收集中，果皮光滑，果肉厚，3～4心室，果实长12厘米，宽10厘米左右，单果平均重200克，最大可达700克。果实成熟时颜色由绿转红，且转红速度快。可作绿果或红果采收。适于秋延迟和冬季保护地栽培。

方舟：先正达种子公司推广的红色彩椒品种。植株生长中等，抗性强，果实方灯笼形，果皮光滑，果肉厚，果实长8厘米，宽8厘米左右，单果平均重170克左右。果实成熟时颜色由绿转红。可作绿果或红果采收。适于早秋和越冬栽培。

圣方舟:该品种为长灯笼型、绿红兼用甜椒品种,杂交一代,晚熟品种。植株长势较健壮,株型高大。门椒着生于13～14节,极易坐果、膨果快,果肉较厚,4心室,成熟时可采绿椒,也可采红色椒,果型12厘米×10厘米、中后期仍可正常结果,果个均匀,植株高度可达2～2.5米。单果重300～350克。日光温室吊蔓或支架栽培,采收期可达8个月,亩产量7 500千克左右。

橘西亚:先正达种子公司推广的橘黄色杂交品种。植株长势旺,果实4心室,方灯笼形,成熟时由绿转为橘黄色。果实长10厘米,宽10厘米左右,平均单果重200克。适于保护地栽培。

紫贵人:先正达种子公司推广的紫色杂交种,坐果后果实即转为紫色,果实长9厘米,宽8厘米左右,平均单果重150克左右,适于春、秋保护地栽培。

白公主:先正达种子公司推广的蜡白色杂交品种。易坐果,果实蜡白色,果面光滑,果长10厘米,宽9厘米左右。平均单果重150克左右。门椒多着生于11～12节,生理成熟果转为亮橘黄色,果面光泽亮丽。

黄欧宝:先正达种子公司推广的黄色彩椒杂交品种。方灯笼,坐果力强,果实成熟时由绿色转为黄色,果肉中厚,果长宽约9厘米,单果重150克左右。

另外,先正达公司还推出安达莱、红将军、新蒙德、红苏珊等彩椒品种;还有瑞克斯旺(如塔兰多等)、安莎等公司也推广了许多优良的彩椒品种,国内个别单位如北京市蔬菜研究中心、北京市农业技术推广站等也育成了系列彩椒品种,这里不一一例举了。

☞ 19.目前栽培的牛角形和羊角形品种主要有哪些？

牛角形和羊角形辣椒的品种很多，不同的地区主栽的品种也有较大的差别，各地不仅对果实的长短、粗度等有不同的要求，同时对果实的颜色深浅也有较严格的要求，所以，选择品种时要根据当地气候和栽培特点，以及市场的需求选择适宜的品种。以下仅例举部分品种供参考。

农大 99-23 号：中国农业大学蔬菜系育成的中早熟一代杂种，2003 年通过山西省农作物品种审定委员会审定。株高 50～80 厘米，植株开展度 45～55 厘米，株形紧凑，第一花着生节位 9～10 节，果实大牛角形，果实纵径 20～25 厘米，横径 4～6 厘米，肉厚，单果重 100 克左右，最大可达 150 克，微辣，果肉脆嫩，果面光滑有光泽，商品果浅绿色，生物学成熟果为鲜红色，果形美观，商品性极佳。抗 TMV，耐 CMV，亩产 5 000 千克左右。本品种果叶比大，栽培中应保持较高肥水条件，使植株和果实充分生长发育，充分发挥果大、商品性好和产量高的优点。适于各种保护地和露地早熟丰产栽培。

农大 082 号：中国农业大学蔬菜系育成的中早熟一代杂种。2005 年通过山西省农作物品种审定委员会审定。长羊角形，微辣，青熟果绿色，单果重 60 克左右。抗病毒病，连续坐果性极好，高产稳产。适于保护地和露地栽培。

湘研 6 号：湖南省农业科学院蔬菜研究所 1987 年育成的中晚熟丰产一代杂种。株高和开展度 55～64 厘米，果实粗长牛角形，绿色，果长 18 厘米左右，横径约 3.2 厘米，肉厚 0.3 厘米，单果重 48 克左右。该品种耐热、耐湿、抗病，适于露地作中晚熟栽培。

湘研7号:湖南省农业科学院蔬菜研究所1988年育成的极早熟一代杂种。株高48厘米,展开度54厘米。果实为灯笼形,绿色,果长9.5厘米左右,果粗4.8厘米左右,单果重40克左右,微辣。主要适于保护地早熟栽培。

湘研8号:湖南省农业科学院蔬菜研究所1988年育成的晚熟丰产一代杂种。株高56厘米,展开度65厘米。果实为灯笼形,绿色,果长8.9厘米左右,果粗5.5厘米左右,单果重80克左右,微辣。主要适于露地栽培。

湘研9号:湖南省农业科学院蔬菜研究所1988年育成的早熟、丰产一代杂种。品种较耐贮运。株高和开展度54厘米左右,果实牛角形,深绿色,果面光滑,果长17厘米左右,横径约2.5厘米,肉厚0.26厘米,单果重32克。该品种耐寒性强,适于露地商品菜基地栽培。

湘研10号:湖南省农业科学院蔬菜研究所1988年育成的晚熟、丰产一代杂种。该品种较耐贮运。株高57厘米,开展度63厘米左右,果实粗牛角形,绿色,果长16厘米左右,横径约3.6厘米,肉厚0.34厘米,单果重52克。该品种晚熟,主要适于露地晚熟商品菜基地栽培。

湘研16号:湖南省农业科学院育成。株高58厘米,开展度65厘米,果实粗长羊角型,果色深绿,果长18厘米,果宽4.0厘米,肉厚0.35厘米,单果重50克。耐热耐湿,抗病毒病、疮痂病、炭疽病等抗病力强,一般亩产量4 000千克,高者可达5 000千克,表现高产稳产。

长剑:由日本引进的长羊角形辣椒。果实长25～30厘米,浅绿果,坐果性好,早熟,适于保护地栽培。

农大717:早熟杂种一代,果实长粗羊角形,果长26～30厘米,横径4～5厘米,青熟果白绿色,果面光滑有光泽。

连续坐果性好。抗病毒病，耐疫病。适于保护地和露地栽培。

农大718：早熟杂种一代，果实长粗羊角形，果长26～30厘米，横径4～5厘米，青熟果黄绿色，果面光滑，有光泽，商品性好。连续坐果性好。抗病毒病，耐疫病。适于保护地和露地栽培。

农大719：极早熟一代杂种，果实长羊角形，果长26～30厘米，横径4～5厘米，青熟果浅绿色，果面光滑，有光泽，商品性极佳。连续坐果性极好。高产稳产，抗病毒病，耐疫病。适于保护地和露地栽培。

农大703：中熟一代杂种，果实长牛角形，果实纵径30厘米左右，横径5～7厘米，肉厚，单果重120克左右，最大可达200克，微辣，果肉脆嫩，果面光滑有光泽，商品果绿色，生物学成熟果为鲜红色，果形美观，商品性极佳。抗TMV，耐CMV，亩产5 000千克左右。适于各种保护地和露地丰产栽培。

农大503：中熟一代杂种，果实牛角形，微辣，青熟果浅绿色，果面微皱，单果重70克左右。果长20厘米左右、横径4～5厘米。抗TMV、CMV，耐疫病，连续坐果性好。适于西北、华北等露地栽培。

农大616：中国农业大学蔬菜系育成。中早熟一代杂种，果实长羊角形，果实纵径25～28厘米，横径3～4厘米，肉厚，单果重100克左右，最大可达120克以上，微辣，果肉脆嫩，果面光滑有光泽，商品果绿色，生物学成熟果为鲜红色，果形美观，商品性极佳。抗TMV，耐CMV。适于各种保护地和露地丰产栽培。

农大605：中早熟一代杂种，果实羊角形，果实纵径25厘米左右，横径3厘米左右，单果重60克左右，微辣，果面皱，商品果浅绿色。抗 TMV，耐 CMV 和疫病。适于西北等地区保护地和露地丰产栽培。

农大 720：早熟一代杂种，果实为长粗羊角形，果长 26～30 厘米，横径 3～4 厘米，青熟果黄绿色，果面皱。连续坐果性好，抗病毒病，耐疫病，适于西北等地露地和保护地栽培。

20. 目前栽培的麻辣型辣椒品种主要有哪些?

津椒 3 号：原天津市蔬菜研究所选育的早熟一代杂种。株高 65 厘米，株幅 60 厘米，第 8～10 片叶着生第一花，坐果率高，果实灯笼形，筋辣，果长 9 厘米，横径 8 厘米，果面稍皱褶，青熟果深绿色。单果重 100 克左右 ，果肉厚 3 毫米。抗 TMV，耐 CMV。定植后 35 天开始收青果。适于华北部分地区保护地和露地栽培。

海丰 2 号：早熟微辣型杂交一代品种。第一花着生节位 8～9 节，早熟性好，果实长方灯笼型，坐果性好，单果重 60～70 克。株高 60 厘米，开展度 40 厘米，果面光滑。较抗病毒病。适于露地和保护地栽培。

辽椒 1 号：辽宁省农业科学院 1983 年育成的常规品种。生长势中等，株高 50～60 厘米，展开度 60～70 厘米，主茎 7～8 节处分杈坐果，果实灯笼形，平均单果重 120 克，最大 250 克，果面多棱，肉厚 0.35 厘米，筋有辣味。

辽椒 4 号：辽宁省农业科学院育成的中早熟杂种一代。1990 年通过辽宁省农作物品种审定委员会审定。株高 55 厘米，株幅 55～60 厘米。果实灯笼形，果面有棱沟，果肉厚 4 毫米，微辣，单果重 200 克左右，青熟果深绿色。抗 TMV，耐 CMV，适于保护地栽培。

农大611:中国农业大学蔬菜系育成。早熟丰产型一代杂种。长方灯笼形,微辣,商品果黄绿色。连续坐果性好。单果重150克左右。抗病毒病,适应性强。本品种坐果多,栽培中注意培育壮苗,生长期保持较高的肥水条件,促进果实充分生长发育。适宜保护地和露地栽培。

农大612:中国农业大学蔬菜系育成。早熟丰产型一代杂种。长方灯笼形,微辣,果面微皱,商品果绿色。连续坐果性好。单果重150克左右。抗病毒病,适应性强。

农大613:中国农业大学蔬菜系育成。中早熟丰产型一代杂种。长方灯笼形,微辣,商品果绿色。连续坐果性好。单果重180克左右,果肉厚。抗病毒病,适应性强。

农大614:中国农业大学蔬菜系育成。中熟丰产型一代杂种。长灯笼形,微辣,果面光滑,商品果绿色。连续坐果性好。单果重200克左右,果肉厚。抗病毒病,适应性强。

农大615:中国农业大学蔬菜系育成。早熟一代杂种。长灯笼形,微辣,果面微皱,商品果浅绿色。连续坐果性好。单果重100克左右。抗病毒病,适应性强。是"皱壳辣"的理想替代品种。

21. 目前栽培的适于加工和干制的辣椒品种主要有哪些?

益都红:山东省青州地方品种。该品种植株直立,生长势强,株高70～80厘米,开展度80厘米左右,主茎第12～14节着生第一花。果实为长羊角形,略弯,果长12～14厘米,横径2.8厘米左右,果实老熟时果皮呈紫红色,果肉较厚,干物质含量高,油分多,辣椒素含量高,辣味浓,品质好,干椒亩产量可达 250 千克以上。

金塔:有的地方叫“韩国红”,由圣尼斯种子韩国种苗株式会社采用三系配套育成的一代杂种,其抗病、抗重茬等较强。该品种植株直立,生长势强,株高 60～70 厘米,开展度 60 厘米左右,果实羊角形,果长 14 厘米左右,横径 2～3 厘米。鲜椒单果重 20 克左右。单株结果 50 个以上,干椒亩产量可达 400 千克以上,果实晾干后呈紫红色,色素含量高,皮厚,平整光滑,辣味适中,是当前国际市场最受欢迎的干椒品种之一。

8212:陕西省农业科学院蔬菜研究所从“西农 20 号”线辣椒的变异群体中选出的中晚熟品种。株型紧凑,株高 70 厘米,开展度 40 厘米。叶量大,深绿色,嫩熟果深绿色,老熟果鲜红色。单果重 6 克左右,果长 13～14 厘米,果横径 1.3 厘米,辣味强,果面皱纹细密,宜干制。主要适于陕西、甘肃等部分地区栽培。

8819:株高 50～60 厘米,开展度 40 厘米,茎生 3～5 个侧枝,叶色深绿,结果高度集中于株冠的中下部。果实线形,3～7 个簇生,色深红,干燥后果面皱纹细密。果长 15 厘米,横径 1.2 厘米,单果鲜重 7 克左右,干椒率近 20%。

什邡椒:四川省什邡县地方品种。株高 80 厘米,开展度 70 厘米,叶色深绿,主茎第 12～13 节着生第一花。坐果多,嫩果深绿,老熟果鲜红色,单果重 11 克左右,果长 15 厘米,果径 1 厘米左右,辣味强,适宜干制和腌渍。

大金条:四川省地方品种。植株长势强,株高 77 厘米,开展度 62 厘米,第一花着生于 10 节。果长 11 厘米,果径 1.2 厘米,抗病毒病。

二金条:该品种植株生长健壮,根系发达,株型紧凑,株高 70 厘米左右,开展度 60 厘米,双杈分枝,结果高度集中。

果实长角形,成熟时果实深红油亮,含油量高,长16厘米左右,果径2厘米,单果鲜重8～9克,干椒率20%左右,单果种子粒数70～80粒,适宜干制和腌渍,全生育期180天左右,系中早熟品种,对病毒病、疫病、炭疽病、枯萎病及落花落果等有较强抗性。

望都羊角椒:河北望都县农家品种。大面积栽培已有300多年的历史,是河北省辣椒出口的主要品种之一。主要用于生产辣椒酱、辣椒油、辣椒粉、辣椒块等系列加工品。株高40～50厘米,开展度40厘米,果实羊角形,粗如手指,长10～13厘米,粗1.5厘米,果皮光滑,果肉厚,辣椒较浓,富有油性。晚熟。

天鹰椒:植株生长健壮,株态直立,有限生长型,矮生,株高53厘米,开展度30厘米,主茎发生侧枝能力强,侧枝多达8个以上,自封顶型。果实4～8个簇生,朝天生长,幼果绿色,老熟果红色,果长5厘米,直径1厘米,辣味强烈,熟性晚,产量低,抗病性差。

农大99-21号:中国农业大学蔬菜系育成的中熟丰产型一代杂种。线椒,辣味浓,坐果极多,果长15厘米左右,果粗1厘米左右,单果鲜重10克。青果绿色,成熟果鲜红色,适于嗜辣地区鲜食、干制和腌渍。抗病毒(TMV、CMV)、疫病和疮痂病。适于露地栽培。

农大朝天王:中国农业大学蔬菜系育成的中熟辣椒一代杂种。果实形状与"天鹰椒"相似。果实单生,极辣,生理成熟果鲜红色,抗TMV、CMV、疫病和疮痂病,是干制辣椒"天鹰椒"的极佳代替品种。适于全国各地露地春季作干椒加工栽培。

农大722:中熟一代杂种,果实短粗线椒形,果长13厘米左右,横径2厘米左右,辣,青果绿色,生理成熟果红色,红色素含量高。抗病毒病、疫病和疮痂病能力强，高产、稳产。是益都红的理想替代品种。适于全国各地露地做加工或提取红色素栽培。

农大721：中早熟一代杂种，果实长粗线椒形，果长23厘米左右，横径2厘米左右，辣，青果绿色，生理成熟果红色。抗病毒病、疫病和疮痂病能力强，高产、稳产。适于露地鲜食和加工（做酱）栽培。

☞ 22.我国辣椒露地栽培的季节有什么特点?

由于我国各地的地理纬度不同，辣椒栽培季节有很大的差异。华南地区和云南的南部，辣椒一年四季都能栽培，但最适生长时期是夏植和秋植。春季栽培于上年10～11月份播种育苗，苗期80～90天，1～2月份定植，4～6月份采收；夏季栽培播种期在1月下旬至4月上旬，苗龄60天，定植期为3月中旬至6月上旬，采收期为5～9月份；秋植的播种期为7～9月份，苗龄30～40天，定植期在7～10月份，采收期为10月份至翌年1月份。夏、秋两季辣椒避开了高温和寒冷天气，在露地栽培条件下能正常生长，因此，产量较高。

东北、蒙新、青藏蔬菜单主作区，辣椒播种期一般在2月下旬至3月上旬，定植期5月中下旬，收获期为7～9月份；在一些以干制为栽培目的的地区，可适当晚植，使其顶部果实能够在相近时期红熟。

华北蔬菜双主作区，露地栽培分春提前和秋延后两个茬口，春提前栽培多在阳畦、大棚中育苗，终霜后定植，夏季供应市场，播种期在1月上中旬，定植期在4月下旬至5月上旬；秋延后则在4月下旬至5月下旬露地播种育苗，6月中旬至7月上旬待露地春菜收获后或麦收后定植,8月上旬至10月下旬供应市场;也有许多地方如河北张家口从春至秋一年进行一大季露地栽培。

长江流域蔬菜三主作区包括四川、云南、贵州、湖北、湖南、江西、陕西和重庆等省市,该地区是中国最大的辣椒产区和辣椒消费区。露地栽培一般在上年的11～12月份播种,4月份定植,5月下旬至10月中旬采收,收获期长达6个月。7～8月份的高温对辣椒的生长发育有一定的影响,但只要栽培管理措施得当,仍能正常开花结果。

此外,为了克服中国南方地区7～9月份的高温干旱、台风暴雨的影响,在长江流域、华南地区发展了高山露地辣椒栽培技术,这是因为海拔每升高100米气温下降0.6℃左右,海拔600～1 400米的山区,平均气温比平原低3～6℃,昼夜温差大,降雨量多,有利于辣椒的生长发育。长江流域海拔600～1 400米的山区都可种植,800～1 200米采收期长,产量高。一般3月下旬至4月上旬播种,5月下旬至6月上旬定植,7月下旬至10月份采收。华南地区海拔500米以下,1～4月份播种,海拔500米以上,3月份前后播种,7月份开始上市。这样使辣椒的各个生长发育阶段基本都处在适宜的环境条件下,采收旺季7～9月份正值平原城镇辣椒秋淡时期,对调节城市供应有重要的作用。

☞ 23. 什么茬口种辣椒较好?确定的原则有哪些?

合理的栽培制度有利于充分利用自然资源,用地和养地相结合,有利于恢复和提高地力,减少病虫害危害,提高辣椒的产量和品质，降低生产成本。在茬口安排上要考虑不同深浅根系和吸收能力的作物轮作，没有相互传染的病虫害，前茬作物要有利于改良土壤，前茬作物有利于减少杂草等。所以，辣椒的前茬作物可选择豆类、瓜类、薯芋类、葱蒜类等蔬菜。

在同一地块上按一定的年限，有计划地、科学地轮换种植几种性质不同的蔬菜，称为轮作。辣椒要求与茄果类蔬菜实行3～5年轮作。

辣椒是我国的一种重要蔬菜，在保证蔬菜周年均衡供应中起重要作用。南起海南的三亚，北至黑龙江的哈尔滨，东起上海，西至西藏，辣椒均有大面积栽培，且种植辣椒已成为我国广大农村的重要致富门路。我国栽培辣椒历史悠久，并已发展多种高效栽培方法。为了进一步提高农民种植辣椒的经济效益，本文介绍了我国不同地方辣椒的栽培季节和间套种模式，供农民和蔬菜种子经营者参考。

☞ 24. 如何充分利用多种保护设施进行辣椒的周年生产？

为了达到辣椒周年均衡供应的目的，常结合各种保护设施进行栽培。辣椒是喜温蔬菜，喜欢在温差较大的冷凉露地生长，同时辣椒对光照等有特殊的要求，在保护地中栽培产量高、品质好，所以，辣椒在保护地中栽培效果很好。北京地区保护地主要栽培季节可参考表1。

表1　北京地区辣椒周年生产栽培季节

栽培方式	播种期	定植期	采收期
露地	1月份	4月下旬	6月中旬至初霜
日光温室冬春茬	11月份至12月上旬	2月上中旬	4～6月份
日光温室秋冬茬	7月上中旬	8月中旬	10月上旬至12月中旬
温室冬茬	7月中旬至8月上旬	9月上中旬	11月上旬至次年6月份
大棚春提前	12月中旬至1月上旬	3月下旬	5月中旬至7月初或越夏至初霜
改良阳畦	12月上旬	2月底至3月上中旬	4月底至9月份
中小拱棚	12月份	3月中下旬（晚上加保温覆盖）	5月上旬至7月份
地膜覆盖	1月份	4月中旬（防霜覆盖）	6月上旬至初霜

25. 辣椒种子的寿命有多长？如何正确购买和存放种子？

辣椒种子寿命与存放的条件密切相关。在低温（如3～5℃）、干燥和不见光条件下种子可存放7～8年时间，但在高温和潮湿条件下种子寿命大大缩短。一般情况下，种子寿命可维持2～3年，最佳使用期为1～2年。

辣椒成熟的种子呈短肾形，扁平、浅黄色，有光泽，采种或保存不当时为黄褐色。所以，购买种子时要查看种子的色泽，应尽量选择色泽金黄有光泽的新种子，种子要饱满，净度要好。另外，要到有一定信誉度的种子商店、高校或科研单位购买种子，种子一定要有正规的包装和说明，要检查包装上的种子经营单位、种子经营许可证号、种子产地及种子检验合格证号，如果是进口种子还要核对进口批号等。

购买的种子如果暂时不用可临时存放在低温干燥的地方或密封后放在冰箱中。

☞ 26. 如何确定辣椒种子的亩用种量?

播种量的确定要根据辣椒种植的密度(亩苗数)、种子的千粒重、种子发芽率、保苗率等来计算,其中的保苗率又与育苗的条件和育苗技术密切相关。辣椒种子千粒重为6～7克,种子发芽率正常情况下85%～90%(根据每批种子情况而定,大量播种时可先取少量测定发芽率),如果保苗率按70%计算,如果1亩地定植3 000株,则亩用种量为7克×3×125%×130%＝34克,但实践中要根据种子价格、育苗条件和育苗技术进行调整。如育苗条件和技术较好的温室栽培彩椒,由于种子价格昂贵,一般用种量很少,对种子发芽的发芽率几乎要求100%,播种量是按粒计算的,而对栽培较粗放,育苗条件和技术水平较差,种子价格又较低的,播种量就较大,常是理论计算值的2～3倍。

四、辣椒播种和育苗技术

☞ 27.辣椒育苗有什么意义？

育苗是指辣椒在苗床中从整地播种到定植的作业过程。培育壮苗是辣椒丰产和稳产的关键措施之一。辣椒育苗移栽与大田直播相比有以下优点：①早春利用保护设备，控制幼苗生长的环境条件，在低温严寒季节提前培育壮苗，一旦露地气候适宜辣椒生长，就可及早定植，延长辣椒的生长发育时间，有利于早熟丰产。②育苗可集中在小面积苗床上进行，便于操作和管理，缩短了生产田的占用时间，有利于提高土地利用率，也有利于抗灾减灾。③可节约用种量，大田直播用种量大，每亩用种量达 2 千克左右，而育苗移栽只需 50～100 克。所以，用种量的减少有利于降低生产成本，特别是杂种一代的种子价格高，育苗节省种子对杂种一代辣椒品种的推广尤为重要。④幼苗整齐一致，有利于田间管理，提高产量和品质。⑤缩短了生产田的占地时间，可缓解季节茬口的矛盾。

☞ 28.辣椒壮苗的标准是什么？

培育壮苗是辣椒高产栽培的关键之一。幼苗的质量直接影响定植后植株的生长和开花坐果。

早春辣椒育苗，要求定植时辣椒苗龄 70～100 天，苗高 20 厘米左右。早熟品种应具有 8～10 片真叶，中晚熟品种具有12～14片真叶。根系发达，根白色，须根多，茎秆粗壮，节间短，茎粗0.6厘米，叶色深绿，叶肉肥厚，无病虫害，体内积累养分多，幼苗已有80％现花蕾（但未开花），甚至部分植株开始开花。

夏秋辣椒育苗的苗龄只需25～40天，植株具有3～6片叶即可。

☞ 29. 如何根据栽培季节选择适宜的育苗设施和方法？

保护地育苗因热源不同可分为温床育苗和冷床育苗，一般将只利用阳光而没有其他热源的保温育苗称冷床育苗，在利用阳光的同时还有其他加温设施的保温育苗称为温床育苗。保温育苗根据育苗设备不同可分为阳畦、改良阳畦、温室育苗等；温床的加温热源可以是酿热物、电热线或水暖加温设备等，目前在有条件的地方可采用电热线育苗，而酿热物育苗已较少应用。

阳畦和改良阳畦主要用于春季露地栽培的辣椒的育苗。

温室种类繁多。按照加温与否可分为加温温室和日光温室；按结构不同可分为单屋面温室（一面坡、二折式、三折式、拱形等）、双屋面温室、连栋温室等；按采光面覆盖材料的不同分为玻璃温室和塑料薄膜温室。生产中造价较低，且实用的主要为单屋面拱圆形或琴弦式塑料薄膜日光温室。温室有较厚的后墙和山墙（土墙或砖墙），拱架为竹木或钢筋，上面覆盖塑料薄膜，晚间加盖蒲席保温，其采光和保温性能好，空间大，目前塑料薄膜拱圆形日光温室一般为无立柱式，更有利于充分利用空间和便于操作。温室除用于育苗外，还可进行蔬菜栽培。育苗时温室可采取必要（临时）的保温和加温措施，所以可在寒冷的冬季进行育苗。温室中也可采用营养土方育苗、纸筒育苗、育苗钵（或称营养钵）、育苗盘和穴盘育苗等不同方式进行育苗。

☞ 30. 如何建造阳畦、改良阳畦？并应用于辣椒育苗？

1）阳畦

阳畦又名冷床、秧畦、洞坑。它是利用太阳的光能保持畦内的温度，没有人工加温设施，所以又称冷床。阳畦在华北、西北地区应用最广泛，华东、华南也用于育苗。我国北方地区在晴天多，露地最低温度在－20℃以内的季节里，阳畦内的温度可比露地高12～20℃，可用于育苗或栽培耐寒的绿叶菜。由于阳畦建造方便，成本低，技术易于掌握，目前仍是早春育苗，特别是在蔬菜保护设施不很发达地区经常采用的方法之一。

阳畦由风障、畦框、覆盖物三部分组成。由于阳畦南、北框的高度、风障倾斜度不同，阳畦可分为抢阳畦和槽子畦（图2）。槽子畦南、北框高度相同，风障与地面垂直，而抢阳畦的风障与地面有一定角度，且南框低于北框，有利于更多地接受阳光，所以，一般早春育苗多采用抢阳畦。

阳畦应在入冬封冻前建好。北京地区一般在10月底至11月上旬打好阳畦。阳畦应建在地势高燥、背风向阳、阳光充足、便于灌水的地方，东西向延长。打建阳畦时土壤湿度要合适，湿度太小垒的畦框不结实，湿度太大，则无法操作，所以，应在做畦的前3天左右浇水，然后趁土湿黏适中时垒畦框。一般先垒北框再垒东西两侧，最后是南框，边

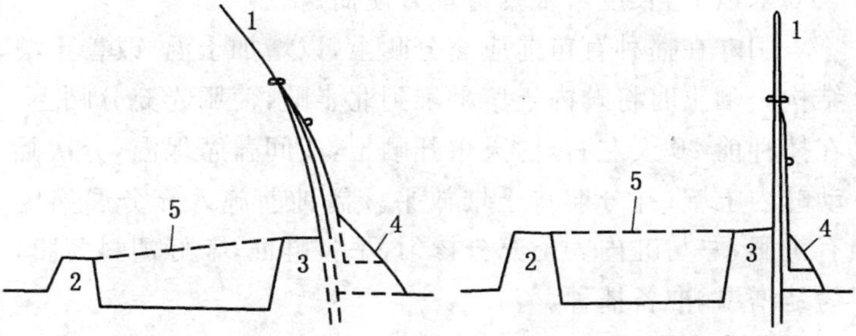

图 2　阳畦的结构类型

1. 风障　2. 南框　3. 北框　4. 风障土背　5. 覆盖物

垒边踩实，并将畦框表面拍实、抹平。一般北框高 40～50 厘米，框底宽 30～40 厘米，框顶宽 15～20 厘米；南框高 20～30 厘米，框底宽 30～40 厘米，框顶宽 25 厘米；东西两框为南低北高，并与南北两框相接，厚度与南框相同。

待畦框基本晾干时，贴北框外侧立一道风障。风障高约 2 米，向南倾斜，与地面呈 70°。风障由篱笆、披风、土背三部分组成。篱笆用竹竿或苇子、高粱秸等材料做成；披风可用稻草，紧贴在篱笆背阴侧，约高 1.5 米；在篱笆和披风草的基部培成高 40 厘米、底宽 50 厘米、顶宽 20 厘米的土背，土背应高出北框顶部 10 厘米。

阳畦的覆盖物有透明和不透明两种。过去透明覆盖物常用玻璃，目前一般用成本较低便于操作的塑料薄膜代替，覆盖时先在南北畦框上排放竹竿作支架，盖上农膜后将北框边上的膜用泥压好、固定，其他三边可暂用砖压好，待播好种或分好苗后再用泥压封；不透明覆盖物可就地取材，一般可用蒲席或草帘。为便于管理，阳畦净畦面宽 1.3～1.5 米，长6米以上,长度可根据管理方便而定。

阳畦在播种育苗前应充分晒土,以增加土温、改善土壤结构。晒土时将畦内土壤翻堆到北半畦,使阳光充分晒土,在播种前20天左右,白天敞开晒土,夜间盖席保温,分次翻动畦内土壤,并分期将土堆放平。播种前施入充分腐熟的有机肥,并与畦内表土充分掺匀,平整畦面,盖好塑料薄膜,烤地增温,准备播种。

2)改良阳畦

改良阳畦又称小洞子、小暖窖、立壕子、小型日光温室等。它是在阳畦的基础上改良而成。其结构较简单,防寒保温性能比阳畦好,温度变化不如阳畦强烈,栽培的空间和面积也大于阳畦,有利于育苗和栽培等操作,近年来发展较快。

改良阳畦(图3)由后墙、山墙、棚架、覆盖物等组成。一般后墙高0.9~1.2米,厚0.5米,可以是土墙或砖墙;拱架可用竹竿或钢筋,一端搭在后墙上,另一端插入地,畦中部立有支柱(如是钢筋也可无支柱),再设1~2道拉杆。跨

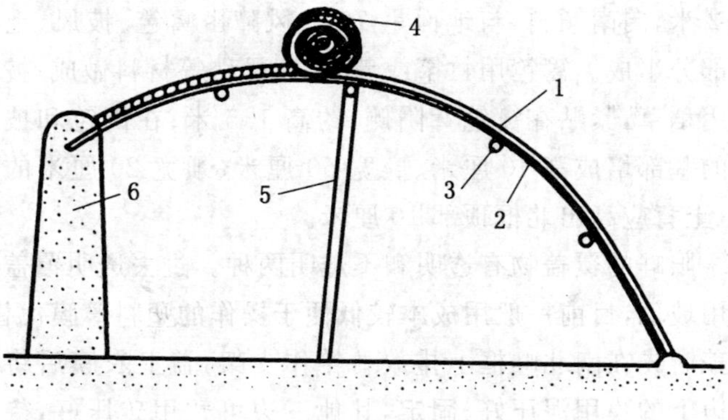

图3 拱圆式改良阳畦

1.薄膜 2.拱杆 3.横杆 4.草帘 5.立柱 6.土墙或砖墙

度3米左右，长度因地制宜，畦面向南，东西延长。覆盖物为塑料薄膜，晚间再加盖草帘保温。薄膜分成两幅，互相重叠，重叠处在拱棚的前端离地约1米处，以利于拉开缝隙，放风降温、降湿、换气。改良阳畦的形式规格多种多样，不同地区有较大差别。土壤和有机肥等处理与阳畦相似。改良阳畦不仅用于辣椒的育苗，同时还可以进行冬春生产。

31. 怎样建造电热温床？使用电热线应注意哪些问题？

电热加温是利用电流通过电阻大的导体(绝缘电阻线)时，将电能转变为热能进行土壤加温的方法。电加温升温快、温度均匀稳定、调节灵敏，可根据不同的天气和辣椒生长需要控制温度。电热加温应结合改良阳畦、塑料拱棚和温室等保护设施进行育苗。电热温床可直接加热地温，有利于辣椒根系的生长发育，同时结合近地面覆盖，对提高近地面的温度也有显著效果。还可根据不同的天气和辣椒生长需要控制温度。所以，在辣椒育苗中应用电热温床，可使辣椒出苗快而整齐，幼苗生长健壮，不易发病，有利于培育壮苗。

加温线的间距和长度是影响床温的关键，其长度的计算根据温床使用季节每平方米采用的功率、加温面积大小、加温线的规格、使用电源和电压等条件而定。计算时首先根据育苗的季节、当地的气候、幼苗所需的温度、温床的保温条件等，选定适宜的电热温床每平方米使用多少功率。一般在北方地区冬季每平方米的功率宜选100～140瓦，布线间距为10～15厘米；长江以南一般为每平方米80～100瓦。根据选定的功率可进一步计算出电热线的总长度和布线间距。电热线的布线间距可采用下列计算程序求得：

①每根电加温线可加温面积＝

$$\frac{\text{电加温线额定功率(瓦/根)}}{\text{电热温床选定功率(瓦/米}^2\text{)}}$$

②电加温线的根数(取整数)＝

$$\frac{\text{电加温面积即温床面积(米}^2\text{)}}{\text{每根电加温线可加热面积(米}^2\text{)}}$$

③电加温线总长度＝每根电加温线长度×根数

④电加温线布线行数(取整数)＝

$$\frac{\text{电加温线总长度(米)}-\text{温床宽度(米)}\times 2}{\text{温床长度(米)}}$$

⑤平均布线间距＝$\frac{\text{温床宽(米)}}{\text{布线行数(根)}-1}$

因温床边缘散热快，布线时可把边行的电加温线的间距适当缩小，温床中间部位的间距适当加大，但平均间距不变。布线时先将床土挖取8厘米左右深，床底一定要整平，床底铺厚3厘米左右稻草等作为隔热层，隔热层上再撒一层薄细土，细土以能盖住隔热材料为度。然后按计算的间距蛇形布电热线，两端用小竹签或铁钉(钉在木板上)等固定。布线时必须逐条拉紧，避免重叠。布完后通电检查线路是否畅通，然后用取出的床土覆盖，整平温床，并拔去竹签或铁钉等固定物，最后必须盖严不能使电加温线露在空气中。播种前再铺一层4厘米厚的营养土。

电热温床也可结合育苗钵等方法育苗。按上述传统方法铺设好电热线后，在其上铺上3厘米左右的细土，然后将育苗钵码放在上面。育苗前期结合地面或近地面覆盖保温保湿。

电热线的两接头应布在温床的一头，以便接电源和安装控温仪。电加温线使用时不能剪断和连线，布线时不能交叉、重叠、打结，以免通电后烧断加温线。无论是新的还是重复使用者，使用前必须注意检查选用的电加温线外包漆皮是否完整，如果有破损而露出镀锌铁扎丝者不能再使用，绝缘层有小破损时可用热熔胶修补（专用）。电热线只适用于床土加温，只能在土中使用，不能用于空气加温，更不能成捆地在空气中通电加温试验，防止线温升高，互相传热，将线包皮烧坏。电热线的功率是额定的，严禁剪短或接长使用。每根电热线的使用电压是 220 伏，单线使用时可与 220 伏电源连接，使用双线时只能并联而不能串联，使用 380 伏的电源时，同时需要三根电热线，并采用星形接法，以利于减少耗电。电热线用完后及时从土中取出，取出防止硬拉或农具对它的损伤，避免损坏绝缘层。

☞ 32. 如何正确地选择电热线和用电加热线实现温度的自动控制？

电热加温省力方便，如果结合电子继电器或控温仪，可自动控制温度。目前常用的电热线生产厂家主要是上海农机研究所实验厂生产的 DV 型电热线和北京电线厂生产的农用电热线。上海农机研究所生产的电热线功率有 600 瓦（长 80 米）、800 瓦（长 100 米）、1 000 瓦（长 120 米）等规格，额定温度 65℃。北京电线厂生产的功率为 1 100 瓦，长 160 米，表面温度可达 50℃。控温仪可选用上海生产的 KWD 型（北京也有生产），并与天津第二开关厂生产的 CT10-10、CT10-20、CT10-24 交流接触器配套使用，这三种交流接触器控制电加温线的最大功率分别为 6.6 千瓦、16.5 千瓦、30 千瓦。控温仪和交流接触器是自动控电流的通断，进一步控温床的温度的装置。

在采用功率小于 2 000 瓦或 10 安以下时，可采用单相接线法，直接接电源或加控温仪，在功率大于 2 000 瓦或10 安以上时，也可采用单相接线，但应在线路上加继电器，并用配电盘(图 4)。如果功率较大，可用 380 伏电源，采用三相四线制接线法，并选用与负载相同的交流接触器(图 5)。

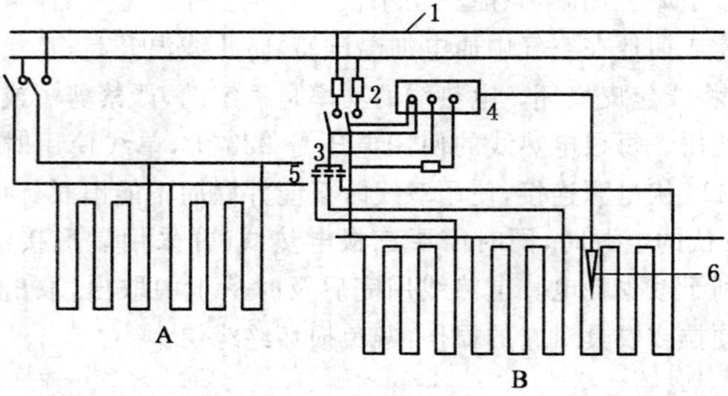

图 4　电热线单相接线法

1. 火线　2. 保险丝　3. 闸刀　4. 控温仪　5. 接触器　6. 感温头

A. 未加控温仪　B. 单相＋接触器＋控温仪

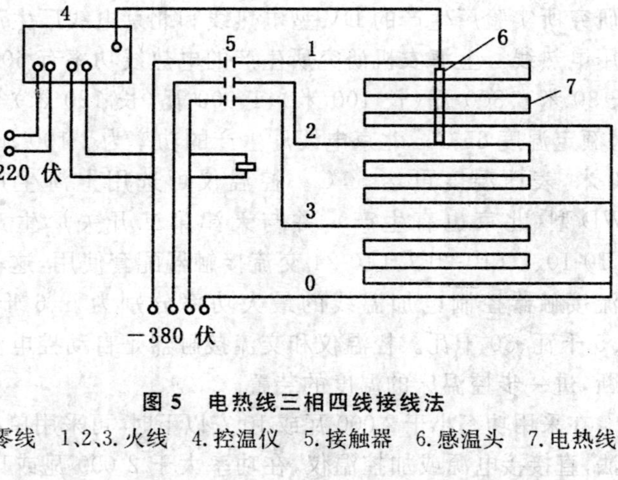

图 5　电热线三相四线接线法

0. 零线　1、2、3. 火线　4. 控温仪　5. 接触器　6. 感温头　7. 电热线

电热温床育苗由于温度较高，幼苗出土快，出苗后要加强通风、锻炼，防止幼苗徒长。土壤水分蒸发快，要注意补充水分。采用电热温床育苗苗龄也比一般方法相应缩短，要注意调整相应的播种期。

☞ 33. 为什么要采用营养土育苗？怎样配制营养土？

苗床床土必须肥沃，富含有机质，除含有丰富的氮、磷、钾外，还要含有钙、镁、铁等各种营养元素，要有良好的物理性状，保水力强，通气性好，才能有利于辣椒幼苗的生长和发育。为避免苗期发生猝倒病、立枯病等，床土应选择未种过蔬菜的大田土壤配制营养土，避免选用多年种植蔬菜的菜园土（特别是茄果类蔬菜）。床土以沙壤土为宜，再配合加入一定量的充分腐熟的有机肥，以提供幼苗生长的营养和改善土壤物理性状。一般土壤和有机肥的比例为 6∶4。有机肥一般用充分腐熟的厩肥，床土可拌入 0.1%～0.2% 的过磷酸钙或其他复合肥，特别是在肥力不足时更应补充复合肥。在南方红壤土等土质酸性较高地区，配制营养土时可加入适量的石灰，既起中和酸的作用又增加土壤钙质；土壤黏重的地区，营养土中可加入一定量的粗沙或蛭石，提高土壤通气性。

配制营养土时，土壤和有机肥要打碎过筛，然后混合均匀。配制好的营养土铺在畦内或相应的育苗设施中，平整后即可播种。有条件的地方可进行无土育苗，可用蛭石和草炭按 1∶1（播种）或 1∶（2～3）（分苗）比例配制，在育苗期间只需浇尿素和磷酸二氢钾等营养液。无土育苗可通过控制温度、水分、营养液来控制幼苗的生长，更有利于培育壮苗。

34.如何进行营养土的消毒?

采用老床土育苗,土壤中可能带有病菌,应进行消毒处理。消毒时可采用福尔马林、代森锌、福美双、五氯硝基苯等处理床土。福尔马林(40%甲醛)消毒可消灭猝倒病和菌核病菌等,一般1 000千克土壤用200～300毫升加水25～30千克,喷洒到土里,充分拌匀后堆置,土堆上盖上塑料膜,闷2～3天,然后揭开覆盖物,经1～2周使药气散发尽后,才可用来作床土育苗。福美双、代森锌等药剂可与湿干土混匀(药和土之比约1∶5 000),播种时作垫土和盖土,可防止苗期猝倒病和立枯病。床土消毒要注意防止发生药害,所以,用药量不能过多,特别是在干旱情况下更易发生药害。

35.怎样正确地确定辣椒的适宜播种期?

播种期的确定应根据各地的定植期、育苗的条件和技术而定。一般辣椒苗龄为70～100天,9～14片叶,所以,播种期可由定植期减去苗龄推算出来。早春栽培辣椒,如果在温室等温度较高的保护设施内育苗,则播种期可比阳畦等温度较低条件下育苗相应晚些。播种期还与栽培的目的有关,如果以早熟为栽培目的,则播种期应早,并采用大苗龄定植;以非早熟为栽培目的的,在生长期允许的范围内,可采用相应较小的幼苗定植,适当晚播。

36.辣椒浸种催芽有什么作用?如何进行浸种催芽?

浸种催芽有利于辣椒种子迅速整齐地出芽,提高苗床的利用率，防止因早春低温造成的烂种等，同时也可杀死种子表面或内部所带的病菌，防治种子传染病虫害。浸种催芽可较好地满足种子发芽所需的温度、水分和氧气。浸种时将辣椒种子浸入 50～55℃温水中进行热水消毒，可杀死附生在种皮和种皮下的病菌和病毒。水量以浸没种子为度，然后不断搅拌，此温度下保持 15 分钟，然后降温至25～30℃为止，再用清水浸泡 7～12 小时（清水中也可加入万分之五的稀土或 0.02％的硼酸、硫酸铜、硫酸锌、硫酸锰等微量元素，有利于提高幼苗的生活力，促进早熟丰产），在此浸种时间内，陈种子浸种时间可适当加长。种子吸足了水分后出水，经漂洗干净后沥干水分，然后用湿润的麻袋布或毛巾包好后，在 28～30℃环境中催芽 3～6 天，有 60％种子发芽时就可播种。浸种时间与种子的陈旧、水温等有关，新种子和水温较高时浸种时间可偏短。催芽过程中要经常翻动种子，并用温水淋洗，使种子受温均匀，保持透气。有条件的地方可在恒温箱中进行催芽，没有恒温箱者可在加温温室的火道或火炉旁及暖气片上进行，但种子不能与热源直接接触，以免蒸芽，可将包好的种子放入底部垫有秫秸、稻壳、锯末等隔热调节物的瓦盆内催芽。催芽时间不能过长，以免芽子过长，芽子过长播种时易折断。如遇天气等特殊原因要推迟播种时可使催芽温度降到 5～10℃，使发芽推迟。

☞ 37. 种子为什么要消毒？怎样进行消毒？

种子消毒可杀死种子所携带的病菌、虫卵和病毒等，是防止病虫害传播的重要环节。

种子消毒的方法多种多样。其中温汤浸种是较常用和安全的方法，一般是用50～55℃温水对种子进行热水消毒15分钟，可杀死附生在种皮和种皮下的病菌和病毒。药剂浸种可杀死种子所带的病菌，防止种子传染病害。药剂处理种子应严格掌握药剂的浓度和处理的时间。如浓度太低或时间太短则起不到杀菌的作用，但浓度过高或处理时间过长，则会伤害种子，影响发芽。一般在用药剂浸种前先将种子用清水预浸4～6小时，种子用药剂浸种后要用清水冲洗干净。如用40%磷酸三钠稀释10倍的溶液浸泡种子20分钟，可杀死或钝化种子所带的病毒（TMV）；用1%硫酸铜浸种5分钟有利于防治炭疽病和细菌性斑点病（疮痂病）等；用1%次氯酸钠浸泡5～10分钟，可杀死种子表面所带的早疫病、炭疽病等多种病菌；用200毫升/升的农用链霉素浸种30分钟，对防止疮痂病、青枯病等效果较好。

☞ 38. 辣椒怎样进行播种和覆土？

播种应选“冷尾暖头”和晴天进行。播种前，播种床内要充分浇足底水，要求水渗透到30厘米的土层中，南方要渗透到20厘米土层。底水一定要充足，一般底水可维持到分苗前。待水渗下后，在苗床上撒上一薄层过筛的细土作底土，然后撒上已催芽的辣椒种子。播种一定要均匀，不能过密，在充分利用育苗床的前提下，以适当稀播为原则，一般10米^{2}的播种量掌握在150克左右为宜。为使播种均匀一致，可用细潮土或沙土与种子混均后再撒播。播种后再覆土0.5～1.0厘米厚的过筛细土。覆土要均匀、厚度一致。覆土过薄，苗床内水分蒸发过快，土壤易干燥，同时，由于土壤压力不足，幼苗出土时种皮不易脱落，造成“戴帽”出土（南方也称“顶壳”），影响发芽出苗和子叶的顺利展开，不利于幼苗的生长和进行正常的光合作用,造成出苗不齐,幼苗生长弱。造成戴帽的原因除了盖土质量不好外,还与其他因素有关,如表土过干、种子质量不好(不充实的嫩种子、贮藏过久的陈种子)、种子生活力弱或出苗时长时间遇低温等。但如果覆土过厚,种子周围地温低,出苗阻力过大,幼苗养分消耗过多,不利于出苗,且出土的幼苗子叶瘦小黄化,不利于幼苗以后的生长。播种完后可在播种床上覆盖农膜,以利于保温保湿。

有条件的可采用育苗盘播种育苗,营养土装入育苗盘,育苗盘不能装得太满,应留出1～1.5厘米,以便播种时覆土和出苗时再覆细潮土。播种前育苗盘用喷壶浇透水。

39.播种至出苗子叶展开期间如何进行苗床管理?

育苗床的温度和湿度管理是培育壮苗的关键。生长健壮幼苗应该下胚轴短粗,子叶肥大,根系发达,无病虫害。

播种至种子发芽出土时期应维持较高的温度,以利于迅速、整齐地出苗。可在播种床地面上覆盖地膜或塑料薄膜,以利于保温保湿,待80%出苗时再揭除。晚间盖严草帘保温,控制在白天温度30℃左右,夜间18～20℃。当幼苗出齐,子叶基本展开至真叶出现这一段时间,应适当降低温度,防止下胚轴过长,形成高脚苗,造成幼苗徒长。一般白天降到23～25℃,夜间降到15～17℃,既防止幼苗徒长,又可保证子叶肥大、绿色,生长健壮。此阶段要特别注意预防猝倒病的发生,要注意降低湿度,加强通风,苗床上覆细土时可在细土中拌入多菌灵、百菌清等农药,延长光照时间,有利于预防猝倒病。

☞ 40. 真叶出现至分苗前如何进行科学管理？

当第一片真叶露尖后，夜间温度控制在 15～17℃，以防徒长。在阳畦中播种时，应注意保温，如日温低于 15℃，夜温低于 5℃时，幼苗生长停止，时间过长就会发生死苗现象。第一片真叶出现到 3 片真叶期为小苗期。此阶段仍为基本营养生长期，地上部生长量不大，但根系发育较快，所以要尽可能满足根系发育的条件，尽可能地增加光照强度和延长光照时间，提高地温。可采用覆土、中耕等措施保温保墒。要控制浇水，防止地温下降。分苗前 4～7 天要降低温度，白天加强通风，日温控制在 20～25℃，夜温控制在 10～15℃，对幼苗进行低温锻炼，以利于分苗后的缓苗。

分苗前幼苗根系少，吸收能力弱，苗床内要有充分的水分供应，但水分过多又会造成幼苗徒长和猝倒病等的发生。在阳畦和日光温室中育苗，水分蒸发量较少，播种时的底水一般可维持到分苗前，所以苗床一般不再浇水，但需覆 3 次左右过筛的细潮土。覆土可防止床土板结和幼苗出土时"戴帽"，并填盖幼苗出土时造成的床土裂缝，同时还可促进幼苗发生不定根。第一次覆土在幼苗开始出土时，第二次覆土大多在幼苗出齐后，以后一般在间苗或苗床有裂缝时覆土 1～2 次。覆土一般在晴天中午进行，每次覆土厚约 0.5 厘米。在加温温室中育苗苗床水分蒸发较快，除覆细潮土以外还可用喷壶浇水，但浇水不宜过多，以免温度降低过多发生猝倒病或引起徒长和土壤板结；如采用育苗盘等播种时，也易造成水分不足，可用喷壶浇水。当苗床湿度过大时，可覆干细土或干草木灰吸湿，同时加强通风换气，以减少土壤和空气湿度。土壤板结和播种覆土不足时易在出苗时造成“戴帽”(顶壳),此时可适当浇水,并覆细潮土。

☞ 41.辣椒什么时期进行分苗好?怎样分苗?

在南方分苗也称为假植。为防止幼苗拥挤,改善幼苗生长的通风透光条件,当幼苗第一真叶出现到3片左右真叶期间均可进行分苗。如果播种床苗较密应早分苗,特别是在育苗盘中播种幼苗常密度较大,宜早分苗;播种床播种密度较稀时,可到3片真叶时再分苗。如果分苗太晚,幼苗营养面积不够,过分拥挤,易造成幼苗细弱徒长,甚至引起幼苗子叶黄化脱落,伤根严重。分苗应在3片真叶前完成,以免影响花芽分化。分苗可切断主根,有利于侧根的发生。

分苗前要准备好分苗床。分苗床中应先铺好8～10厘米厚的营养土。营养土的准备和育苗床相同。分苗前一天,幼苗要浇“起苗水”,以利于起苗时减少伤根,促进缓苗。起苗时要尽可能少伤根,并尽可能地多带宿土,保护根系。双株定植的分苗时二株为一穴,二株大小一致,根系在同一水平;大棚和温室等保护地栽培辣椒一般均采用单株定植,单株定植的应进行单株分苗。无论是单株还是双株定植,分苗时的株行距均为10厘米×10厘米,要浅栽,子叶露出地面。栽后浇水,水不宜太大,以免地温降低过多。分苗应选晴天,于中午10时至下午3时进行。分苗完成后应及时保温保湿,促进缓苗。如在阳畦中分苗,应边分苗边将塑料薄膜盖严,以利于保温、保湿,促进缓苗。

为有利于缓苗,可采用“暗水分苗法”(或称“开沟贴苗法”)分苗,即先按行距8～10厘米开沟,开沟时面对操作者的沟壁应垂直(以便贴苗,使幼苗直立),用水勺在沟中浇水,待水基本渗下时按穴距8～10厘米沿垂直沟壁贴苗,然后覆土封沟。暗水分苗法土面不易板结，同时浇水量少，有利于提高地温，减少病害的发生。但因浇水量较少，应在缓苗后及时浇水。分苗应选晴天的上午和中午进行。分苗后注意加强保温保湿。

☞ 42. 辣椒分苗后应如何进行管理?

根据分苗后幼苗的生长状况和栽培管理的特点，可把分苗床管理分为缓苗期、幼苗旺盛生长期和炼苗期三个阶段。

缓苗期：分苗后约一周内，应保持较高的温度和湿度，促进缓苗和生长。平均地温为 18～20℃，气温白天 25～30℃，夜间 20℃。当地温低于 15℃时，不利于根系恢复生长。在分苗后 5 天左右，土壤可进行中耕时应及时进行第一次中耕，可起到保墒增温，有利于幼苗发根。此次中耕宜深，在幼苗四周中耕深约 3 厘米。约 1 周后幼苗新叶开始生长时，表明幼苗已开始发生新根，此时可适当通风降温，以防幼苗徒长。

旺盛生长期：缓苗后，幼苗的根系已恢复生长，在适宜的温度、水分和光照下幼苗旺盛生长，生长量逐渐加大，根系发育旺盛，花芽和侧枝陆续分化。为提高花芽分化质量和培育壮苗，防止幼苗徒长，温度要适当降低，特别是要降低夜温，控制白天气温 20～25℃，地温 16～18℃，夜间气温 15℃，地温 13～14℃。新叶开始生长后，随气温升高，苗床水分蒸发增加，应适当浇水。此时如果缺水或控水过度，就会形成老化苗。育苗期间过于干旱，控水过度，会严重影响花芽分化的速度和质量，造成在开花坐果初期大量的落花落果。分苗床中应以培养土和施入大量有机肥作为基肥，苗期一般不再追肥，但可在定植前15～20天追1次化肥，以利于定植后生长，可用浓度为0.2%的尿素或复合肥，随水施入。如苗床底肥不足，下部叶片发黄脱落时，应及时追肥浇水，也可进行叶面施肥，通常喷施浓度为0.1%～0.2%的尿素或磷酸二氢钾水溶液。苗期浇水量也不宜过大，每次浇水后要及时放风、中耕，以减少土壤水分蒸发、提高地温，减少空气湿度和病害发生，此时中耕以不伤根为度，宜浅中耕。这一时期，气温逐渐回升，应及时通过调整覆盖物的揭盖时间和放风量来调节分苗床的温度和湿度，防止幼苗徒长，培育壮苗。随幼苗生长和气温升高，逐步早揭晚盖，增加幼苗光照时间和控制保护地内温度在适宜生长温度范围内。在阴天也要掀开不透明覆盖物，特别是连阴天时，只要幼苗不受冷害，阴天也要揭开覆盖物，否则幼苗在低温无光照条件下，只有呼吸消耗，没有光合作用，生长不良，也易发病。阴天时苗床温度可略比正常天气低。

幼苗长至适宜的苗龄，接近定植前10～15天开始进行幼苗锻炼，进入炼苗期。

育苗期间，苗床温度偏低时，辣椒生长缓慢，节间细短，叶色淡绿，叶片较小；温度偏高时辣椒生长过速，节间长，叶片大而薄；温度适宜，且有一定昼夜温差时生长适中，节间短粗，叶片大而肥厚，深绿色有光泽，子叶不脱落。育苗期间水分管理不均，过干过湿易造成子叶和下部幼叶脱落，缺肥、日照不足、温度过高过低均易造成子叶脱落。

☞ 43. 为什么在早春定植前辣椒幼苗要进行低温锻炼？如何进行锻炼？

定植前为增加幼苗对早春低温、干旱等不良环境的适应性,要对幼苗进行低温锻炼。定植前10～15天,逐步降温至白天气温15～20℃,夜间5～10℃,在幼苗不受冻害的限度内,应尽可能地降低夜温。但低温锻炼应逐步进行,不能突然降温过度,以免幼苗受冻害。低温锻炼时,白天逐步揭开覆盖物,逐步加大通风量,定植前3～5天夜间的覆盖保温条件要与定植的保温条件相一致,即使幼苗处于与定植后环境相一致的条件下。如果育苗在温室中进行,而定植地也在温室中的,可不过分强调炼苗。

定植前1～2天对幼苗喷施防治病虫害的农药和叶面肥,以防止幼苗定植后病虫害的发生和有利于缓苗生长。

☞ 44. 定植前囤苗有什么意义？怎样进行囤苗？

辣椒幼苗不用营养钵等分苗而直接育地苗的,在定植前应进行囤苗。囤苗可促进幼苗发生新根,有利于定植操作,防止定植时散坨,促进定植后缓苗。在定植前6天左右,先在苗床内充分浇水,并加施少量化肥(俗称"送嫁肥"),第二天按10厘米见方、高约8厘米起苗,将带土坨幼苗整齐码入苗床,土坨间要码紧,并用细土填充土坨间隙,防止土壤水分过度蒸发。起苗后原地囤苗5天左右再定植。囤苗时间也不宜过长,否则土坨过分干旱,叶片黄化脱落,根系老化,反而不利于定植后缓苗。囤苗期注意避雨。

☞ 45. 什么是徒长苗和老化苗？如何防止形成徒长苗和老化苗？

徒长苗须根少,茎细长,子叶脱落早,叶片大而薄,叶色淡绿,叶柄较长。定植后缓苗慢,易发病和落花落果。育苗期间温度过高(特别是夜温过高)、湿度大和光弱均易形成徒长苗。所以,育苗中要保持温度在适宜的范围内,并保持一定的昼夜温差,控制浇水,减少空气湿度,增加光照时间和光照强度,有利于防止徒长培育壮苗。

老化苗根系老化,新根少而短,颜色暗。茎细而硬,株矮,节过短,叶片小而厚,颜色深暗绿色硬脆而无韧性,生长后生长慢,开花结果晚,前期花易落。育苗中温度过低、长期缺水,苗龄过长,囤苗时间过长等均易形成老化苗,育苗中应注意调整。

☞ 46. 早春育苗中易发生什么病虫害?如何防治苗期病虫害?

育苗中易发生的主要病害有猝倒病、立枯病,有时也会感染疫病;主要虫害有蚜虫和白粉虱,温度高时还会发生美洲斑潜蝇。防治方法参考病虫害及其综合防治部分。

☞ 47. 怎样做纸筒或塑料筒进行育苗?

先整好育苗畦,先在畦面上铺一薄层细沙,然后把制成的直径和高约 10 厘米的纸筒或塑料薄膜筒装入营养土,并摆放入育苗畦,筒间互相挤紧,然后灌水分苗。纸起到隔离土壤的作用,定植时只需顺着纸的隔离起苗即可,有利于操作和保护辣椒根系。

纸袋的制作方法多种多样,应就地取材,因地制宜,以降低成本。下面例举 2 种方法供参考。第一种方法:取一个口径和高度约 10 厘米的罐头筒,底部安上一个把。将旧报纸等废纸裁成 35 厘米×17 厘米的纸条。将营养土装入罐头筒内,用上述大小的纸对齐筒的下端,裹起来,再用纸的另一端封住筒口,将罐头筒倒置,摆入苗畦中,然后拔出罐头筒即可。摆放时要使纸缝的一侧有依靠,以免纸筒散开,同时各纸筒间要相互挤紧。播种前浇水即可;第二种方法是:将旧废纸裁成27厘米长,宽9～10厘米的长方形,然后用糨糊黏结起来,就成为直径约9厘米,高9～10厘米的纸筒。装入营养土后即可分苗。

塑料薄膜筒可用旧的塑料薄膜黏(缝)成直径10厘米左右的圆筒,然后裁成10厘米长的一个个小筒装入营养土。

48.如何用塑料营养钵育苗?

用一定大小的育苗钵培育辣椒苗,有利于保护辣椒根系,是一种较好的护根育苗措施。育苗钵可就地取材,如采用一定大小的小瓦盆、冰淇淋盒等。有条件的采用塑料育苗钵。我国已有多个厂家生产塑料营养钵(育苗钵)。辣椒育苗可采用上口径10厘米、高10厘米、下口径8厘米,或上口径8厘米、高8厘米、下口径6厘米的塑料育苗钵分苗,塑料钵底部有一圆孔,以利于排水。在营养钵中可装入营养土,无土育苗时可加入蛭石、草灰等基质。分苗后浇水,以浇透营养钵为度。塑料钵能多次使用,使用时只要将营养土装入,摆放在育苗畦内即可浇水播种或分苗。定植时将幼苗连同塑料钵一起运到栽培畦中,从塑料钵中倒出幼苗即可定植,便于定植操作和保护幼苗根系。

用营养钵育苗,应特别加强营养土配制和育苗期间的水分管理。营养钵育苗水分蒸发快,应注意补充水分,特别是用蛭石和草炭进行无土育苗者,更要注意加强水分管理,同时要及时浇灌营养液;由于幼苗在苗床中位置不同,其光照和温度也不同,造成幼苗生长不一致,育苗期间可搬动几次，将大小幼苗的位置对调，使幼苗到定植时生长整齐一致。

☞ 49.如何用育苗盘进行播种?

利用育苗盘育苗可随时移动育苗盘，改变位置，有利于调整幼苗的生长和充分利用保护设施。有条件者可利用育苗盘进行立体育苗(架床育苗)，以充分利用空间。可用铁架或木料做成架高 1.3～1.4 米，宽 70 厘米的育苗架，其宽度和长度视育苗盘的尺寸和育苗盘的多少而定。育苗架应东西延长，育苗盘是南北延长放置。

厂家生产的塑料育苗盘一般长 60～70 厘米，宽 20～25 厘米，高 5～6 厘米，底部具有网孔。辣椒育苗中，育苗盘主要进行撒播，以后再分苗。

☞ 50.什么叫穴盘育苗? 如何利用穴盘培育壮苗?

穴盘育苗是我国 20 世纪 80 年代中期从美国引进的育苗新技术。是用一定大小和孔数的穴盘进行育苗的一种方法。一般直接在穴盘上播种，中途不再分苗。目前，市场上能购买到不同孔数(穴的大小)的穴盘。由于辣椒叶片较大，幼苗需较大的营养面积，所以一般采用 72 孔穴盘，每个盘外形大小均为 54.9 厘米×27.8 厘米，每穴大小为 4 厘米×4 厘米。穴盘育苗更便于育苗管理和定植的操作，又有利于保护根系和定植后缓苗，省工、省力、节能，效率高，成本低，适于远距离运输和机械化操作，采用穴盘育苗有利于育苗实现专业化、机械化、规模化，使育苗实现商品化。穴盘育苗幼苗根系保护好，移植方便，移植后缓苗快，长势旺，是一项很值得推广的育苗新技术。

穴盘育苗幼苗生长的空间有限，所以，一般苗龄相对要短，生理苗龄比原来传统的育大苗要小。否则，因营养面积不足，幼苗拥挤，易徒长，或控苗过度，形成老化苗。在温度等条件适宜时一般苗龄只需 70 天左右，8～10 片叶。穴盘育苗的营养土应采用轻质的按一定比例混合的草炭、蛭石等作基质(2∶1 或 3∶1)进行无土育苗，基质中加入一定比例的充分腐熟过筛的优质有机肥和少量的复合肥(每立方米基质加入三元复合肥 2～3 千克或尿素和磷酸二氢钾各 1.2 千克)效果更好。每方基质能装 200～300 个盘。育苗前对基质和育苗盘进行消毒处理。穴盘育苗可通过控制温度、水分、营养液来控制幼苗的生长，同时辣椒根际温度(基质)易于提高，有利于解决冬季辣椒育苗时地温低的问题，有利于培育壮苗。

穴盘育苗时一般在穴盘上直接点播经消毒和浸种等处理的种子，播种深度为 0.5～1.0 厘米，覆土一般用蛭石，播种完成后喷透水，以水能从穴盘底孔滴出为标准，经间苗、补苗和定苗，浇水和施营养液等管理，直到移栽，中间不再分苗。由于穴盘中基质少，又暴露在空气中，基质水分损失快，必须经常浇水。育苗期间避免过于干旱，控水过度，防止营养不足，否则幼苗的子叶，甚至下部叶片易脱落，严重影响花芽分化的速度和质量，造成在定植后开花坐果初期大量落花落果。穴盘播种后出苗期间基质应保持在 18～30℃的较高温度，最佳温度为 28℃，最高不超过 35℃。出苗后基质温度控制在白天 25℃左右，夜间 16～18℃，以后可控制在白天 20～25℃，夜间 15℃左右。如果育苗的环境温度过低，会严重影响出苗和幼苗的质量，也易发生猝倒病和沤根，应进行必要的加温，或采用电热温床。蛭石和草炭等基质不能充分满足幼苗生长所需的营养条件，当幼苗3片真叶起，需浇灌2～3次的0.1%～0.2%尿素和磷酸二氢钾等营养液。

为防止病害的发生，可结合浇水加入少量的多菌灵、百菌清等农药，预防猝倒病、灰霉病等的发生，育苗期间要注意防治蚜虫等危害。

☞ 51. 夏秋季露地育苗中如何做好“四防”培育壮苗？

大棚秋延后和温室秋冬茬辣椒育苗时正值高温多雨季节，一般在露地进行育苗。露地育苗的关键是做好“四防”，即防虫（主要包括蚜虫、白粉虱、美洲斑潜蝇）、防暴雨、防高温暴晒、防病（主要是病毒病）。

育苗场地要地势高燥，排水良好。采用高畦（高10～15厘米）育苗，畦面要整平，以免积水。种子可不经催芽，但要经消毒和浸种处理，可播种后再分苗，对发芽率好的种子也可直接按10厘米×10厘米见方点播。可采用营养方或营养钵育苗。育苗用的营养土要用多菌灵等农药消毒。可播种后浇水，也可先浇水再播种覆土。播种后必须采取遮阴防雨措施。遮阴棚可用竹竿、钢筋等插拱架，搭成小拱棚。拱架上盖上隔离网纱，以防蚜虫、白粉虱等危害，进一步防止病毒病的发生和传播。小拱棚上可再盖少量高粱秆、遮阳网，或用旧塑料薄膜覆盖。用旧塑料膜覆盖时，旧薄膜周围要卷起用竹竿压好，使塑料小拱棚四周空气流通，而旧塑料薄膜可起到遮阴、防暴雨、避免高温伤害的作用。出苗后注意加强通风，防止徒长，并及时打药防止猝倒病等发生。辣椒育苗期间要特别注意避免太阳暴晒，避免水浸泡，注意防病虫（主要是蚜虫、病毒病和猝倒病），培育壮苗。所以，遮阴防雨措施是培育壮育的关键。

52 夏秋季露地育苗适宜的苗龄应多大？

高温季节露地育苗，苗龄不宜太大，一般为 40～50 天，具有 6～8 片叶，苗高 15 厘米左右为宜。

五、辣椒露地栽培技术

☞ 53.如何选择适于露地栽培的辣椒品种?

露地栽培辣椒宜选择抗病性强、生长势较旺的品种,特别是对病毒病抗性要强。露地早、中熟栽培,甜椒可选择抗病性较强的中早熟品种,如中椒 5 号、中椒 7 号、农大 506、农大 508 等品种,露地甜椒中晚熟丰产栽培宜选择中椒 4 号、农大 40 号、农发、农大 610 等生育期长的中晚熟品种。半辣型的牛、羊角椒中早熟栽培可选择农大 99-23 号、农大 082、农大 602、农大 603、农大 604、湘研 3 号、湘研5 号、湘研 6 号等品种,中晚熟栽培可选择中椒 6 号、湘研9 号、湘研 10 号等品种。灯笼形微辣柿子椒可选用津椒3 号、农大 612、农大 613、辽椒 4 号等。

☞ 54.选择什么样的土壤种植辣椒较好?如何进行整地和施肥?

由于辣椒根系弱、分布浅、吸收能力差,对环境反应敏感,所以,栽培辣椒宜选择土层深厚,有机质含量丰富,保水、保肥和通气性良好的壤土,地块要有利于灌溉和排水。前茬作物最好不是茄科蔬菜,以减少病虫害发生和平衡土壤养分。

定植前应精细整地,并施足基肥。整地时要彻底清除前茬的枯枝落叶,搞好田间卫生,以减少病虫害。特别是保护地中重茬栽培地块，更要清除彻底。除彻底清茬外，露地可结合越冬进行冻垡，以减少病源菌和虫卵，改良土壤的理化性状。辣椒生长期长，生长量大，整地时必须施入大量的基肥，特别是肥力较差的新菜地，更要重视多施入基肥，这是辣椒取得高产和优质的基础。施基肥可采用普施或集中施入。普施基肥应在耕地前施入，随耕地翻入土壤中；集中施肥可施入沟内，集中施肥，养分集中，有利于甜辣椒更充分和快速地吸收利用。一般要求每亩施优质有机肥5 000～7 500千克以上，同时加入过磷酸钙30～50千克（可将过磷酸钙与有机肥提前堆积发酵），还可加入饼肥200～300千克，磷酸二铵30～40千克。定植前做好灌排沟渠，要短灌短排，有利于土壤湿度均匀。排水沟要沟沟相通，下雨时田间不积水，为了便于排水和培土护根，一般采用垄作。定植前可提前开沟晒土，并可在定植地块的北、西面夹风障，以利于缓苗。

55. 对露地定植的辣椒幼苗有什么要求？

培育适龄壮苗是露地甜辣椒丰产优质的基础。为延长辣椒在露地的生育时间，早春一般要结合保护地提前进行育苗，当露地气候适宜时即可及早定植，适宜的壮苗有利于早熟丰产，又可减轻病毒病的危害。辣椒定植时一般要求现蕾，苗龄80～90天。如果育苗条件较好时可缩短苗龄至75天左右。露地定植期一般是终霜过后，如北京等地在4月中下旬定植，如果按苗龄80天计算，则适宜的播种期应在1月底。

露地栽培辣椒育苗可在阳畦、改良阳畦、日光温室中进行。具体育苗技术可参考上述的育苗内容。

☞ 56.露地辣椒如何及时早定植和促进缓苗?

定植期:不同的地区,由于气候条件不同,定植期有很大的区别。定植期应根据各地的气候条件(主要是温度)和辣椒幼苗的生育程度而定。露地定植必须要在晚霜过后,土温稳定在13～15℃以上时定植。定植过早,温度过低,植株根系发育不良,且易受冻。如华北地区,露地辣椒的定植期一般在4月中下旬,平均气温达到12～15℃时定植。东北地区常在5月中下旬定植。春季应尽早定植,以利于及早上市和延长生长期,同时提早在高温季节来临前封垄。定植太晚,不利于早熟,高温季节来临前不能封垄,病害发生严重,明显影响产量和品质,效益下降。

定植密度:露地栽培一般采用宽窄行垄栽,有利于植株提早封垄,又有利于通风透光,也便于田间操作。定植时每沟栽2行,行距40厘米,株距26～33厘米,每穴2株,每亩种8 000～10 000株(图6)。

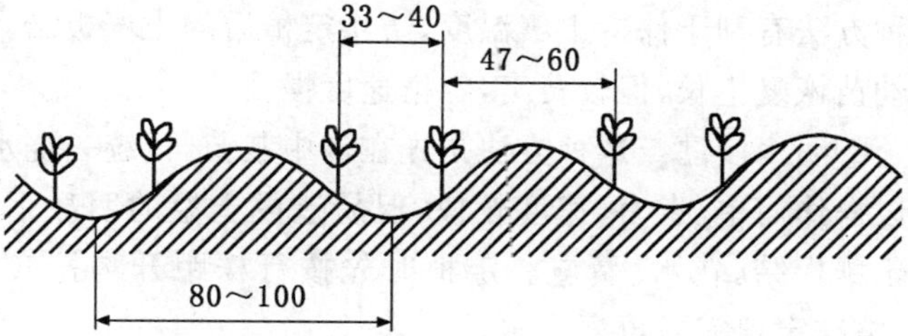

图6 辣(甜)椒宽窄行定植示意图(单位:厘米)

合理密植是甜辣椒增产稳产的基础和关键。特别是在北方等地区,春季5～6月份空气干燥、温度高、光照强,最易发生病毒病。合理密植不仅有利于增加单位面积的株数,进一步增加单位面积的产量,同时有利于在高温季节前封垄,增加地面荫蔽,抑制杂草生长,降低高温季节的株间和土表温度,增加湿度,减少病毒发生,还能防止果实日烧病的发生。

定植的方法:辣(甜)椒均以带土坨的方式定植。如果是纸筒(袋)育苗的可带纸筒定植,用塑料营养钵育苗的在定植时将苗取出定植。无论用什么方式育的苗,定植等操作过程中应尽可能地保持土坨的完整,防止散坨,以保护辣椒根系,有利于定植后的缓苗生长。一般定植方法是先按株行距定植完,然后在沟中灌定植水,定植水不宜过大,以免过多地降低地温,称为明水漫灌。为防止落干而影响成活力,整地开沟时地一定要整平。定植也可采用暗水植法,以减少地温下降。

①暗水定植　又称"坐水栽"或"水稳苗"。早春露地定植时,为防止由于定植浇水而降低土温而采用的方法。一般做法是先挖穴,再浇水、摆苗,待水基本渗下时覆土封穴。这种方法有利于保持土壤温度,防止定植后的土壤板结,利于幼苗恢复生长,但较费工,定植速度慢。

②明水漫灌　这种方法是先在沟中栽苗,再统一浇水,所以操作简单、省力,速度较快,但易造成土温的明显下降和土壤板结,费水、费电。定植时先按行株距开沟挖穴定植,整畦定植完后再灌大水。

护根肥:如果基肥不足或肥源不足时,为充分利用少量的肥源和促进辣椒生长,可施穴肥、沟肥等护根肥补充。由于护根肥集中在幼苗根系的周围,幼苗根系恢复生长或新根一发生即可得到充足的养分,可显著促进幼苗前期生长,为早熟高产打下良好的基础。肥料一般用饼肥、大粪干、磷酸二铵、尿素等。施用量不能太大，也不要直接与根系接触，施入的有机肥一定要充分腐熟。磷酸二铵、尿素等化肥每亩施5～10千克，饼肥等有机肥每亩施50～100千克。先将肥料施到沟内或穴内，再与土掺匀，然后栽苗灌水。如果是暗水定植的可在灌水后施肥于根际，再覆土。

☞ 57.露地辣椒定植后的田间管理主要有哪些？

辣（甜）椒喜温、喜水、喜肥，同时具有高温下易发病，水涝易死秧，肥多易烧根的特点，在整个生长期间要根据不同的发育阶段采用不同的管理方法。

中耕、蹲苗，促进前期生长和坐果：这一时期管理的主要目标是促进幼苗迅速缓苗生长，促进植株生长，特别是要形成强大的根系，同时要调节地上部和地下部、营养生长和生殖生长的平衡，在保证植株健壮生长的前提下，促进坐果，为早熟丰产打下良好的基础。

浇定植水后要及时进行中耕松土，增加地温，促进根系生长。7～10天后浇第二水（缓苗水），并进行深中耕（5～7厘米），近根处稍浅，距植株远处要深。中耕是春露地辣椒栽培中很重要的管理措施，对辣椒根系生长尤为重要。由于早春温度低，中耕松土有利于提高地温，减少土壤水分蒸发，又可保持地面疏松干燥，中耕还可增加土壤的通气性，促进根系的生长。如果幼苗发黄、生长势弱，底肥不足，可结合浇缓苗水轻施肥。定植初期的管理工作一定要及时，使辣椒尽早缓苗发根，恢复生长。浇缓苗水后经1～2次中耕后开始蹲苗，即控制浇水，控水蹲苗7～10天，叶色加深、茎秆粗壮，门椒已坐住（大小直径2～3厘米），即可结束蹲苗。蹲苗可促进根系纵深发展，达到根深叶茂，防止植株徒长,促进坐果。但蹲苗也不能过度,蹲苗期的长短要根据气候特点、土质、品种特点等灵活控制。以提倡小蹲苗为宜,蹲苗过度影响植株发育和正常封垄,诱发病毒病等。

辣椒的开花坐果与空气湿度有关,当空气相对湿度达80%,辣椒坐果率可达52%,而当空气湿度下降到22%,坐果率只有0.78%。在北方地区,辣椒开花盛期的5～6月份干热风较严重,对辣椒坐果不利。所以,在这一时期,从田间管理上要增加田间的空气湿度,以利于开花坐果,要求在蹲苗期结束后及时浇水,以增加土壤湿度和空气湿度,促进开花和坐果。当第一层果长到2～3厘米大小时,要及时浇水和追肥,每亩施腐熟的人粪尿500～1 000千克或速效性氮肥10～15千克,同时配合施入磷、钾肥,促使植株健壮生长和果实发育。浇水施肥后要及时中耕,改善土壤的通气性。

加强肥水管理,及时培土,促进丰产和植株健壮生长:这一时期管理上的主要目标是加强肥水管理,及时采收,促秧攻果,保证植株健壮生长,防治病虫害发生,取得早熟高产。同时植株要在高温季节前培土封垄,做好越夏的准备。华北地区一般要在6月中旬前封垄;东北地区要在7月上中旬前封垄。

为促进早发秧、植株的健壮生长和越夏后的生长,要重视施好促秧肥、攻果肥和返秧肥三次肥。促秧肥是结合浇缓苗水进行,可每亩施入15千克的尿素,此肥对促进植株早发秧,早封垄有重要意义;攻果肥一般是结合结束蹲苗后的第二水每亩施入25千克的氮肥,这次肥对增产效果显著;返秧肥是在越过高温多雨的夏季后(如华北地区常在8月初)及时重施一次氮肥,一般亩施30千克,以促进缓秧,防止植株早衰,迎接第二次结果高峰。

辣椒结束蹲苗后，植株和果实进入旺盛生长期，并开始大量采收果实。气温也不断升高，降雨量也增加，病虫害也不断发生，是管理的关键期。如果植株前期生长不良，同时中期管理跟不上时，易造成植株生长停滞，病毒病发生严重，果实小，品质差，产量降低。

为防止门椒坠秧影响植株生长和坐果，门椒要尽早采收，并及时浇水和追肥，保持土壤湿润，促秧攻果，争取在高温季节前封垄，封垄前要进行追肥培土保根。辣椒培土前先在原来的定植沟内追施优质有机肥（如饼肥、麻渣等）和少量的复合肥，然后再培土。培土时由垄背上取土培到原来的定植沟中，培土后原来的沟成为垄，而垄背则成为沟。由于辣椒根系浅，培土时取土深度不要超过定植沟下6～9厘米，培垄的高度以11～12厘米为宜，避免伤根过重。培土有利于防止雨季植株倒伏，还可降低根际周围的温度，有利于高温雨季根系的正常生长。

为防止病虫害的发生，可每隔一周喷一次敌百虫、乐果、功夫等杀虫剂和百菌清、多菌灵、甲基托布津等农药防止蚜虫和病害的发生。喷药时还可加入0.1%～0.2%的尿素和磷酸二氢钾及喷施宝等叶面肥。

植株基本封垄后，可减少或避免阳光直射地面，降低地温，有利于辣椒根系在夏季正常生长，安全越夏。

☞ 58. 露地辣椒越夏为什么易出现“三落”？如何加强越夏管理，促进后期再次结果？

高温多雨季节雨水多，光照强，温度高，易造成植株缺肥，根系生长差，植株发黄，病毒病发生加重，严重时造成落花、落果和落叶（俗称“三落”）。所以，高温雨季管理的目标是防治病虫害发生和蔓延,特别是病毒病和疫病的发生蔓延,防止三落,保证植株根系正常生长和越过高温雨季。便于高温雨季过后尽快恢复生长,进入第二次开花坐果高峰。

小水勤浇和注意排水:管理上要经常浇水,保持土壤湿润。浇水要采取勤浇、轻浇的方法,每次浇水量不宜太大,但浇水间隔时间要短,这样有利于降低土温和改善土壤中氧气含量,保护根系越夏。浇水宜在傍晚进行。辣椒根系怕涝忌积水,雨季时土壤积水几小时,辣椒根系就会缺氧窒息,轻者根系吸收能力下降,导致水分和氧分失调,叶片黄化,引起落叶、落花和落果,重者造成植株萎蔫死秧。所以在雨季之前,一定要疏通排水沟,使雨水及时排除,下雨时不积水。暴晴天后骤然降雨,或久雨后暴晴,都易造成土壤空气缺少,引起植株萎蔫,所以,雨后要及时浇清水,随浇随排,以利于降低土壤温度,增加土壤通气性,防止根系受到高温和缺氧的影响。

施肥:雨季土壤养分淋失较多,所以,在7月上中旬应重施一次化肥,每亩施入硫酸铵20~25千克。雨季还要及时清除田间杂草等。越夏期间应经常进行叶面追肥,有利于恢复植株生长,延长叶片寿命,促进根系生长。

高温雨季过后,气温凉爽,日光充足,开始逐渐适合辣椒的生长,是辣椒第二次开花坐果高峰期,但时间较短,所以要及时管理。华北等地区主要在8~9月份。这段时期要加强肥水管理,促使植株发生新枝,多结果,增加后期产量。追肥可与浇水交替进行,浇1~2次清水追1次速效性化肥,每次每亩可追施硫酸铵10~15千克,每7~8天浇1次水。肥水管理主要集中在8月份。施肥上要特别注意重施返秧肥,即在高温多雨的夏季过后(如华北地区常在8月上中旬)及时重施1次氮肥,一般每亩施30千克,以促进缓秧，防止植株早衰，迎接第二次结果高峰。9月份以后天气转凉，可追施粪稀水，浇水间隔应延长，生长好的植株秋后产量可占总产量的30%～35%以上。

越夏及生长后期应进行叶面追肥，有利于恢复植株生长，延长叶片寿命，促进根系生长，达到高产优质的目的。

59.露地辣椒生产中采用地膜覆盖对早熟丰产有什么作用？

辣椒根系分布浅，再生能力差，对土壤要求较高，辣椒根系对地温等土壤因素反应敏感。地膜覆盖对土壤中的水、肥、气、热和结构影响是很显著的，所以，地膜覆盖对辣椒根系的生长影响最直接，地膜覆盖可为辣椒的根系创造适宜而又相对稳定的环境条件。地膜覆盖很有利于辣椒早缓苗、早发根、早生长、早结果，是一项很实用的早熟、丰产措施。辣椒采用地膜覆盖栽培可提早上市7～15天，前期产量可增加30%～40%。总产量可增加30%以上。目前地膜覆盖栽培已在露地和保护地辣椒栽培中被广泛地应用，已成为辣椒早熟丰产的重要技术措施之一。

(1)地膜覆盖最显著的效果之一是提高地温。地膜覆盖可使耕层土壤提高温度3～6℃。这对早春或保护地低温条件下辣椒定植后根系恢复生长极为有利，根系生长好，地上部植株生长就好，有利于早熟和丰产，露地栽培可促进辣椒在高温雨季前封垄，有利于夏季降低土壤地温，使辣椒安全越夏。

(2)减少土壤水分蒸发，有利于土壤保墒，早春少浇水有利于保温，同时可减少田间空气湿度，可减少病害的发生。

(3)地膜覆盖有利于改善土壤结构和营养条件。地膜覆盖可防止雨水冲刷和灌溉造成的土壤板结，使耕层土壤疏松，有利于微生物活动，改善了土壤的理化性状，也减少了土壤养分的流失和淋溶，肥效提高。有试验表明，地膜覆盖后可使土壤速效氮含量提高 50%，使速效钾含量提高 20%。

(4)地膜有一定的反光作用，可提高田间光照强度 10%左右。

(5)后期地膜上由于老化或沾染泥土后透光率显著下降，具有一定的降温作用。

(6)抑制杂草生长，减轻病虫害危害，地膜覆盖后土表温度可高达 50℃，甚至更高，杂草种子萌动后，会因高温被杀死，所以可减少杂草危害。地膜覆盖后田间空气湿度下降，有利于降低病虫害的发生。

用无色透明地膜覆盖，如果使用不当，易造成杂草大量生长，甚至将薄膜从地面上顶起而失去覆盖地膜的作用。通过精细的整地，保证和提高覆膜质量，可有效地防止杂草生长。整地时土要细碎，畦面平整，地膜要拉紧，并紧贴地面，使地膜与畦面间无空隙，这样杂草种子一萌动即碰上地膜而被烤死。

60.露地生产辣椒中如何正确地选择地膜的种类?

不同的地膜的种类其作用不同，用处也有差异。

(1)普通无色透明膜：早春使用地膜的主要目的是提高土壤温度、保墒和改善土壤理化性状。适于春露地和春保护地使用的地膜主要有 0.01～0.016 毫米厚的透明聚氯乙烯膜。无色透明膜土壤增温效果明显，是目前使用最普遍的种类。幅宽从45～150厘米，可根据不同的栽培行距选用不同宽幅的地膜。如果每亩按70％～80％的覆盖率计算，每亩用量6～10千克，成本50～100元。近年来又生产出0.005毫米厚的线性膜和混合聚乙烯膜，每亩地用量减少到4～6千克，成本更低。

无色透明膜除上述的优点外，在生长中后期由于灌水等使膜上沾满污泥，所以，中后期也能起到一定的降温作用。

(2)其他种类的地膜：其他种类的地膜还有有孔膜、杀草膜(除草膜)、杀菌膜、降解膜、黑色膜、银灰膜、黑白双面膜等，也有少量应用，或处于试验阶段。

有孔膜是在地膜生产加工时，按一定间距在薄膜上开直径为3.5～4.5厘米的播种孔，或者10～15厘米的定植孔。

杀草膜是在地膜中加入除草剂制成的地膜，使用时将有除草剂的一面贴在地面上，可有效地杀死被覆盖畦面的杂草。

降解膜有两种，一种是利用太阳光线将地膜分解，另一种是通过微生物吞食降解的生物降解膜。降解膜生产中可不用回收，有利于降低环境污染。降解膜很有发展前途，目前正在试验推广。

黑色膜能阻止太阳光透过，膜下杂草无法生存，所以有除草的功能，同时光线不能正常通过，有一定的降低地温的作用，在越夏栽培中可起到降低地温的作用。

银灰色膜和银灰色反光膜有避蚜作用，能减少蚜虫危害，进一步减轻病毒病的危害。银灰色膜特别是银灰色反光膜有隔热和较强的反射阳光的作用，夏季高温季节覆盖降低地温效果显著。

黑白双面膜的一面为乳白色,另一面为黑色,覆盖时乳白色的一面向上,可反射阳光降低地温,黑色面向下可抑制杂草生长。夏季高温季节使用效果比无色透明膜更好。

61.地膜覆盖栽培中如何整地铺膜?整地铺膜质量与防止杂草有什么关系?

定植前必须进行严格地整地、施肥、做畦、铺膜,防止杂草生长,为辣椒根系生长创造良好的条件。

(1)施肥:整地前应施入充足的基肥,基肥以腐熟的堆肥为宜,要求每亩施 7 000 千克以上,同时基肥中每亩混合施入过磷酸钙 30～40 千克,硫酸镁 1～3 千克,硫酸钾 20 千克。基肥施入方法是在春季整地前,全面铺施 2/3 有机肥,另 1/3 有机肥集中沟施。

地膜覆盖后可减少土壤养分的淋失,有利于土壤疏松,微生物活动旺盛,土壤养分分解快,有利于肥效充分发挥,植株根系发育好,前期生长旺盛,但覆盖地膜后一般不能再追施有机肥,追施速效性化肥的效果也差。所以,地膜覆盖栽培在施肥上与一般栽培有所不同。要特别加强基肥的施入量,并施足全元素肥(增施磷、钾肥)。基肥量要比露地栽培多施 20%以上,以有机肥为主,氮、磷、钾及微量元素搭配(以颗粒复合肥为宜)。结果盛期及生长的中后期还要追肥。

(2)整地做畦(地膜覆盖的方式):栽培辣椒的地块应进行秋耕冻垡,以消灭或减少土壤中的病菌、虫卵,改善土壤结构。秋耕一般在 20 厘米左右。精细整地是保证地膜覆盖质量的基础,整地时土壤的墒情要适宜,适宜的墒情有利于保证盖膜的质量和提高土壤的温度,因此,在早春应提前浇水造墒，当土壤适耕地，及时整地做畦和盖膜。整地时要随翻随耙，使耕层土壤细碎，没有坷垃，"土细如面"，畦面平整，使地膜紧贴畦面，薄膜与土之间不能有空隙，铺膜一定要做到膜面无皱褶，不松弛，松紧合适，四周入土均匀埋压，并每隔4～5米，在覆膜后的畦面膜上压些土以防风吹开地膜，如果地膜破损可用土封压。定植孔要细土封压好，以利于保墒和增温，同时防止膜下高温、高湿气体从孔中蒸发出而伤害辣椒幼苗。整地盖膜均应比定植期早10～15天，以利于烤地增温。

一般地块在保证铺膜质量的情况下杂草不易生长。在杂草较多的地块，可采用除草膜，或盖膜时在畦面上喷洒氟乐灵等除草剂，防除杂草，氟乐灵见光易分解，所以，喷氟乐灵后应用四齿或平耙细搂畦面，用量是48%氟乐灵每亩100～150毫升加水30千克喷雾。

辣椒露地地膜覆盖栽培时一般采用小高畦覆盖方式，其他还可采用小高垄、高埂沟栽、横跨高埂沟栽覆盖、朝阳沟栽培、小高畦矮拱棚栽培等覆盖方式(图7)。

(1)小高畦栽培：小高畦栽培是辣椒地膜覆盖栽培中最常用的方式。无论在保护地、春露地均可采用。畦规格是：畦总宽约1.0米，畦面宽60～70厘米，沟宽30厘米，畦高15～20厘米。一畦面上栽两行，株距26～30厘米。小高畦的制作方法是：先施底肥再起垄做畦，然后再盖地膜，一般畦沟不盖地膜，留作灌水和追肥用，盖地膜的面积约占70%，宜选用90厘米宽的地膜。覆盖地膜一种是在整好的小高畦上先盖地膜，再定植；第二种是在做好畦后先定植后再盖膜。早春保护地和露地应用小高畦地膜覆盖，还可结合再套塑料小拱棚，使保护地和露地辣椒的定植期适当提前，并有利于缓苗生长。

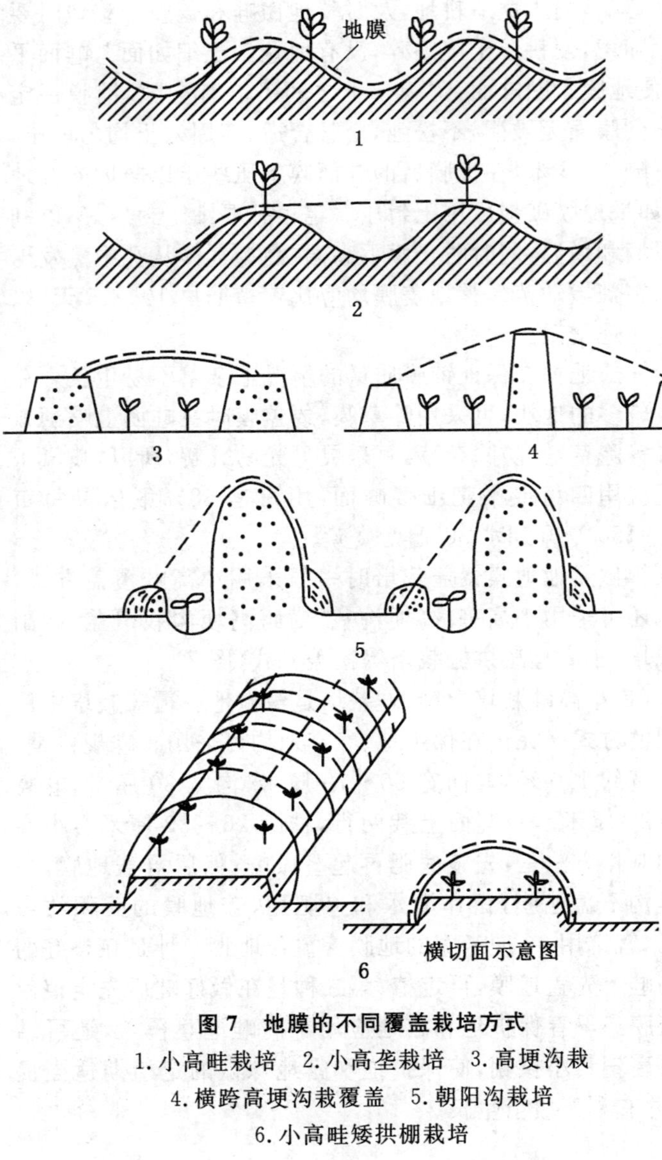

图 7　地膜的不同覆盖栽培方式

1. 小高畦栽培　2. 小高垄栽培　3. 高埂沟栽
4. 横跨高埂沟栽覆盖　5. 朝阳沟栽培
6. 小高畦矮拱棚栽培

小高畦的高度应根据不同地区、不同地势和土质,不同的季节、气候、地下水位、降雨情况等灵活掌握。畦高有利于早春土壤温度的升高和雨季等排涝,但不利于灌溉。所以,在沙质土壤、地下水位低、较干旱的北方春季露地和保护地栽培时,小高畦的高度不宜太高,实际生产中以15～20厘米为宜,比较干旱的西北高原地区,可采用5～10厘米的小高畦;而在地势低、地下水位高、土壤黏重、雨水较多的南方或北方雨季栽培辣椒时,小高畦高度应相应提高,实际生产中在15～30厘米内调整。畦的方向以南北延长为好,以利于一天中受光均匀。

(2)小高垄:做畦的规格是垄宽20厘米,小沟宽20厘米,大沟宽40厘米,垄高10～15厘米,每垄上栽1行辣椒。小高垄制作方法是:先整好地块,土要细碎平整,然后顺起垄线撒上底肥,再起垄,并将底肥埋在垄内,垄要高低一致,呈拱圆形,最后盖上地膜。盖地膜时,可用宽幅为1米的地膜将2个小高垄和小沟一起盖,并在大沟内用土压膜。这种盖膜方式可在膜下沟灌,在保护地中有利于降低田间湿度,减少病虫害发生。但在杂草较多的露地和地不平整的地块不宜采用,或与除草剂一起使用。盖地膜一定要保证质量,地膜必须拉紧,并紧贴地面,地膜四周要压严,以防杂草生长,避免风吹坏地膜。一般在定植前10天左右盖好地膜,以利于地温升高。也可采用定植后再盖地膜。

(3)高埂沟栽:也称沟畦栽种。这种方法埂较高,幼苗栽在地膜下的沟里,在早春露地有利于早定植和防止霜冻。早春露地采用高埂沟栽可比不盖地膜或小高畦地膜覆盖早定植10天左右。做畦规格是:沟底宽50厘米,呈槽形大沟,单幅地膜可顺着畦的走向覆盖。

(4)横跨高埂沟栽覆盖法:这是在高埂沟栽法基础上改

良而成的。做畦时埂要做成一大一小，一低一高，以便在大畦埂上取土压膜，小畦埂高于大畦埂，当作地膜的支撑物，地膜覆盖呈屋脊形，有利于防止积雨、雪水。

在此基础上菜农们还根据各自的特点，创造性地改良出多种类似于高埂沟栽的栽培方法。如可按上述高埂沟栽规格做好的畦，将地膜垂直畦的走向覆盖，覆盖时北边地膜部分重叠在南边地膜上面，或西边的部分重叠在东边地膜上面，以防西北风刮掉地膜。而且在沟内膜结合处插上竹竿，并将顺畦向放在内的竹竿提起固定在直立的竹竿上，进一步使地膜紧平，晴天中午即可扒开地膜结合处放风。

高埂沟栽覆盖栽培辣椒有利于早定植，有利于早熟、丰产和封垄越夏。但在地下水位过高、雨水过多、排水不良的地块，不宜采用此法。否则，辣椒植株根系生长不良，田间通风透光差，易发生病虫害，雨水多时甚至会发生涝害。

(5)朝阳沟栽培(阳坡垄沟覆盖法):即定植畦向是东西延长，定植畦的北侧打起一个高 30～40 厘米，宽约 25 厘米的小高垄，以挡西北风和保温，幼苗定植在小高垄南侧畦面或浅沟里，再覆盖上地膜。在定植前 10～15 天做好畦，并盖上地膜。这种方法可在终霜前 10 天左右定植。适用于长江以北地区使用。

(6)小高畦矮拱棚栽培:这种方法综合了小高畦和高埂沟栽两种方法的优点，克服了它们的缺点，是比较理想的辣椒地膜覆盖早熟栽培方法。它是先将地膜作“天膜”，起到防寒保温，达到辣椒在晚霜结束前 10 天左右即可定植的效果，同时克服了高埂沟栽中不利于排水，田间通风透光差，易发生病虫害等不足。

做畦方法与小高畦覆盖相同，做完畦后即可定植，然后用竹竿等相隔 50 厘米左右在小高畦上插成高 30～50 厘米的矮拱，再用宽幅1米的地膜覆盖在矮拱上，周围用土将地膜埋严、压实，在膜上每隔3拱压一拱形竹竿。待终霜过后，植株将要顶住地膜时，将“天膜”揭开，撤掉矮拱棚架，进行一次中耕松土、除草和追肥，再把撤下的地膜改为地膜覆盖，变成小高畦地膜覆盖栽培。由于撤地膜时植株已长得较大，“天膜”改地膜时不能采用打孔掏苗的方法，否则，不仅速度慢，且易损坏植株的茎、叶和花。所以要采用“苗侧套盖”的方法。苗侧套盖法是把地膜顺畦放在小高畦上两行苗之间，并拉直地膜，然后两人一组在小高畦的两侧，横向拉开地膜，对准苗的基部用剪子剪开地膜，顺膜缝套住苗，向高畦两侧拉开地膜，然后将地膜边缘和剪开的地膜缝用土压严。

☞ 62.地膜覆盖栽培时如何进行定植?

地膜覆盖后，使土壤的环境、近地面小气候发生了许多变化，所以要正确控制好定植期。采用高埂沟栽、朝阳沟栽培或小高畦矮拱棚等膜下防霜覆盖栽培的，定植期可比露地辣椒早定植10～15天(过早易受冻)，播种期也要相应提前10～15天。而普通的小高畦覆盖栽培，并不能避免晚霜或低温对幼苗的影响，定植期与一般露地辣椒栽培相同。小高畦地膜覆盖栽培定植辣椒时，可在整好的小高畦上先盖地膜，再划破膜，将定植孔内的土挖出，栽苗后再将土覆回，压好定植孔周围的薄膜。另一种方法是在做好的小高畦上先定植，然后再盖膜，盖膜时应采用“苗侧套盖”的方法。

其他地膜覆盖栽培方法均应先定植再盖膜。

辣椒定植的密度按大垄双行双株栽苗，相当于行距

50 厘米,株距 26～30 厘米,每亩栽 8 500～10 000 株。

☞ 63.地膜覆盖栽培辣椒定植后管理与不盖膜的有什么不同?

(1)防止烤苗与培土:采用高埂沟栽、朝阳沟覆盖、小高畦矮拱棚等地膜下防霜覆盖栽培的(小高畦覆盖除外),定植后,要根据天气情况进行放风,但要防止闪苗,不好放风的,可在幼苗四周的膜抠小孔放风,但不能在幼苗顶部抠小孔,以防闪苗,以后逐渐扩大放风量,终霜后自然气温适宜辣椒生长时揭开地膜,进行培土,变成小高畦,然后再采用“苗侧套盖”法在畦面上盖上地膜,用细土把膜孔封严。采用小高畦矮拱棚覆盖栽培的,定植初期一般不放风,以促进缓苗(由于定植时浇水充足,小拱棚内湿度很大,且膜上布满水珠,不会烤伤幼苗),定植 3～4 天后浇 1 次缓苗水。当小拱棚内温度超过 30℃时开始放风,放风由背风一面支起地膜放风,终霜后气候适于辣椒生长时把拱棚拆除,将地膜铺在畦面上。

(2)水分管理:地膜覆盖可减少土壤水分的蒸发,所以,定植后辣椒生长的前期,灌水量比无地膜覆盖露地栽培的少,可防止浇水过多引起地温的下降。在植株生长中期到后期,由于地膜覆盖促进了植株生长,植株生长量较大,叶面水分蒸腾量大,所以,要增加灌水量和灌水次数,以维持植株旺盛生长。灌水从畦沟洇灌,再靠土壤毛细管的吸力洇湿垄下土壤,所以,地膜覆盖的灌水要足(要漫到定植孔)。如果结合滴灌,效果更好。

(3)肥料管理:辣椒生长期长,生长量较大,只靠基肥不能满足整个生长期的需要，特别是进入结果盛期及生长中后期一定要进行追肥。追肥最好用注肥器将速效性化肥注入到根际的周围，以提高肥效利用率。也可在畦沟内结合灌水，追施化肥和人粪尿。采收期一般 15～20 天追 1 次肥。另外，可进行叶面追肥，即喷施尿素、磷酸二氢钾、微量元素或多种叶面肥制剂。叶面追肥还可结合打药等增加叶面追肥的次数。叶面追肥应在早晨或傍晚进行，以利于叶面吸收，不能在阳光充足的中午或风天进行，以免溶液快速干燥，影响吸收，甚至烧伤叶片。更不能在雨天或雨前喷施。如果喷施后 24 小时内遇雨，则还要补喷。

叶面追肥，植株吸收快，养分利用率高，不会受到土壤因素的影响。所以平时要结合喷施农药等各种管理增加叶面追肥的次数，特别是在植株急需养分供应、越夏及生长后期应进行叶面追肥，有利于恢复植株生长，延长叶片寿命，促进根系生长，达到高产优质的目的。

(4)中耕除草：地膜覆盖栽培前期不能中耕畦面，只能锄畦沟，但由于阳光直射畦面，一般杂草被烤死。前期中耕畦沟时要注意保护盖地膜的压土，同时检查定植孔是否覆盖严密，以免定植孔透风，失去地膜覆盖的意义。中后期后阳光不能照到畦面，畦面易生杂草，当杂草过多顶膜时，可将膜中间划开，除草后将膜重新盖好并用土压严。中后期植株已封垄，土温不会过多上升，可彻底将膜和草一起锄掉。

(5)搭架与植株调整：地膜覆盖（主要是小高畦栽培）栽培时，辣椒定植相对较浅，生长过程中又不能培土，植株生长又较旺，因而往往容易发生倒伏，应及时搭架支撑。用 80～100 厘米长竹竿隔 1～2 米插在植株旁边，距根 10 厘米处,再用长竹竿横向固定在高杆上,一般 30～40 厘米绑一道,可绑两道。

为防止辣椒侧枝生长过快影响主枝开花结实,同时改善田间通风透光,生产上常将门椒以下的叶片和侧枝全部打去,即所谓的“捋裤腿”。“捋裤腿”过早影响植株的营养面积,并使地面裸露暴晒,对根系生长不利。所以,打杈、摘叶可分次进行。第一次采取打杈留叶的方法,打去 5 厘米以上的侧枝,使叶面继续进行光合作用,积累养分。第二次在植株充分生长、封垄时,打去门椒下所有的叶片和侧枝,以增加通风透光,减少病虫害的发生。

☞ 64. 什么是间作和套种?辣椒的间作套种有什么优点?

在同一生长季节内,两种或两种以上蔬菜作物隔畦、隔行或隔株栽培,有规律地同时栽培在同一块地上称为间作,不规则地混合种植称为混作。前作作物生育后期,在行间或株间种植后作作物,前后作物有一定的共同生长期称为套种。合理地间作和套种有利于充分地利用土地、时间、空间和光能,提高生产效率。间作套种的管理水平要求较高,肥力、劳力和技术要做相应地调整(如种植的株行距等),要控制好作物的栽培和收获时期,否则反而影响主、副蔬菜作物的产量和品质。

辣椒的光饱和点为 3 万～4 万勒克斯,比一般果菜类低,较耐弱光,怕暴晒。我国北方等地春、夏季一般光强达 4 万～8 万勒克斯,最高可达 16 万勒克斯,光照过强,不利于辣椒生长,易发生病毒病和日烧病等。露地栽培辣椒在夏季未封垄的地块，阳光直射地面，经暴晒后根系发育不良，且易感染病毒病。所以，露地栽培的辣椒采用一定的遮阴保护，或与高秆作物间作，有利于辣椒获得高产。一般适度遮阴（遮光 30%）有利于提高产量和质量，在大棚等保护地中栽培的辣椒光合速率高于露地辣椒是其丰产的主要原因之一。

☞ 65.露地辣椒如何进行间作套种？

辣椒可与豇豆、黄瓜、番茄、玉米等高秆作物或高架蔬菜间作。合理地间作可减少辣椒病毒病、日烧病的发生，降低田间温度，改进田间小气候环境，提高辣椒的产量。济南市农科所 1985 年采用每 3 畦（6 行）甜椒与 1 行玉米或豆角间作，光强减弱、病毒病减轻，增产 15%～19%。与豇豆间作时，可每隔 3 畦（6 行）种 1 架（2 行）豇豆；与黄瓜间作时，黄瓜可采取春夏或夏秋栽培，黄瓜一般可直播。辣椒定植后每 3 畦留出一宽 80 厘米的空畦备种黄瓜。黄瓜应选择适于夏、秋栽培的耐热品种，如夏丰、津研 7 号等，黄瓜上架时正是高温季节，正好给辣椒遮阴；与玉米间作时可根据需要，在辣椒田中每隔 3～4 垄种 1 行玉米，东西行向。玉米的密度不要太大，主要是为辣椒遮阴，而且当蚜虫和烟青虫危害时，一般首先危害玉米，所以，间作玉米一定程度上可减轻蚜虫和烟青虫对辣椒的危害。

早春还可与早熟耐寒蔬菜套种。如华北地区，春季土壤解冻后即可整地做畦，在 3 月中下旬在垄间先定植早熟的洋白菜，到 4 月下旬再定植辣椒。在辣椒封垄前，5 月上中旬就可收获洋白菜，基本不影响辣椒的栽培管理。

六、遮阳网覆盖栽培技术

☞ 66. 什么是遮阳网？它在辣椒生产中的作用和应用前景如何？

遮阳网是用聚烯烃树脂为主要原料，通过拉丝纺织而成的一种轻质、耐老化的网状覆盖材料。有的称寒冷纱、凉爽纱等。遮阳网比其他覆盖材料使用方便，节约人工，且使用寿命长、成本低；遮阳网保管方便。我国从 1983 年开始生产和推广遮阳网，目前在华南、华东均已开始利用遮阳网进行蔬菜生产，已有较大的推广面积。近几年来华北等北方地区也开始采用遮阳网生产蔬菜。根据山东等地试验(1998 年)盖网后可降低病毒病发病率 77.5%，收获期延长 34 天，增产 34%。遮阳网栽培有利于解决夏季炎热地区的辣椒生产和供应问题。对缓解蔬菜“夏淡”起到越来越明显的作用。

辣椒的光饱和点较低(3 万～4 万勒克斯)，适当的遮阴有利于辣椒的生长和减少病毒病等的发生，有显著的增产和提高品质的效果。

遮阳网可降低温度。它可使地表温度降低 4～6℃，5 厘米地温下降 3～6℃。以黑色遮阳网降温效果最显著；由于可降低温度和避免雨水直接冲击，使病虫害明显减少，有利于减少农药使用，减少成本，生产无公害蔬菜；银灰色遮阳网还有避蚜的作用，进一步减少病毒病的发生；遮阳网覆盖后可减少地面太阳辐射，减缓风速，可减少土壤水分蒸发，增加田间湿度，所以具有保墒防旱的效果；遮阳网覆盖还可起到防风害、防暴雨、雹灾等作用；同时在早春或晚秋还有抗寒、防霜冻的作用，所以，不仅在辣椒夏季栽培中应用，还可在早春和秋延后生产和育苗应用。

☞ 67.遮阳网有哪些主要种类？如何进行合理选择？

目前生产遮阳网的厂家较多，其宽度、颜色、密度均有不同，透光率也不相同。宽度由 90 厘米至 300 厘米，颜色有黑色、灰色、绿灰色、白色、黑白相间、黑色与灰色相间等多种颜色。不同地区生产的不同颜色的遮阳网透光率一般在 30%～70%，以黑色遮阳网的透光率最低在 30%～50%，白色和银白色的遮阳网透光率最高在 70%左右，其他颜色的遮阳网一般透光率在 40%～60%。遮阳网一般可使用 3～5 年。使用和存放过程中要加强管理，以延长使用寿命。

采用遮阳网栽培必须根据当地的自然光照强度、蔬菜作物的光饱和点和覆盖方法，选用适宜透光率的遮阳网，以满足作物正常生长发育对光照的要求。在蚜虫和病毒病危害严重的地区还可选择银灰色遮阳网。辣椒栽培宜选用银灰色遮阳网，育苗时最好采用黑色遮阳网覆盖。

☞ 68.如何应用遮阳网覆盖种植辣椒？

露地辣椒遮阳网覆盖形式多种多样，可利用各种棚架进行覆盖栽培。如温室和大棚遮阳覆盖栽培，小拱棚覆盖、浮面覆盖等。在辣椒越夏栽培上应用较多的是温室和大棚遮阳网覆盖栽培。温室覆盖可采用两种形式，即温室内覆盖(内遮阴)和温室外覆盖(外遮阴)。温室外覆盖降温效果更好,最大降温可达 9℃,是温室遮阳网覆盖的主要覆盖形式。光照强的地区可选择黑色遮阳网,一般地区可选择银灰色、灰色、绿色遮阳网。大棚覆盖栽培时一般将遮阳网直接覆盖在大棚骨架上。

正确确定盖和揭网的时间,以白天生长适温 20～30℃为依据,即当日最高温上升到 30℃以上时开始盖网,日最高温下降到 30℃以下时可揭网。华北地区一般在 6 月中旬至 9 月上旬盖网。

辣椒露地遮阳网栽培技术与相应的辣椒露地栽培技术基本相同。而且露地遮阳网栽培更有利于越夏恋秋栽培。覆盖后,辣椒生长速度加快,对肥水需求量加大,要及时追肥浇水。

七、辣椒小拱棚早熟栽培

☞ 69. 怎样建造小拱棚？并用于辣椒早熟高产栽培？

塑料小拱棚体积小，结构简单、取材方便，可用轻质材料作棚架，如细竹竿、毛竹片、荆条、直径 6～8 毫米的细钢筋等，或其他能够弯成拱形的材料作骨架，再用塑料薄膜覆盖即可。辣椒小拱棚栽培最常见的是拱圆形小拱棚。小拱棚高度一般在 1～1.5 米，宽度为 1～3 米。常是在定植前临时建造，定植初期进行覆盖，栽培中期或拉秧后随时拆除。小拱棚的走向和长度可根据地势、风向等确定。栽培畦可做成小高畦等多种方式，并结合地膜覆盖，然后在栽培畦上用竹竿、荆条等，相隔 40～70 厘米插一高 1～1.5 米的小拱，再盖膜。跨度较小的小拱棚可不设放风口，只在棚的南侧揭开薄膜的底边进行通风，但这种放风方式在前期易受冷风危害，所以，跨度较大的小拱棚应在顶部或中腰设放风口较好。为了使骨架牢固，跨度较大的小拱棚可设 3 道左右的横拉杆，盖膜后再在膜上压拱条，每隔一拱压一拱，以防风吹和便于放风等管理。为了加强防寒保温，小拱棚的北面可加设风障，棚面上于夜间可再加盖草苫，可提早定植生产。

小拱棚内的热源是日光，棚内日温变化剧烈，昼夜温差大。白天晴天时棚内升温快，增温显著，最大增温能力可达

30℃以上。在阴天等低温期或夜间缺少光热时，棚内最低温度只比露地高1～3℃，早春如遇寒流极易发生霜冻。所以利用小拱棚栽培辣椒时要特别注意加强棚温的管理，在晴天的高温期要注意放风降温，而在阴天或夜间的低温期要注意加强保温。

小拱棚内光照与膜的性质、新旧、水滴有无、污染等以及棚的结构和棚内位置有关。棚内的湿度在不放风时可达到70%～100%，白天通风后可保持在40%～60%，湿度显著高于露地。一般夜间温度下降时湿度更高，而白天温度升高时湿度相对降低。棚内湿度高易造成病害发生，所以，管理中要注意降低小拱棚内湿度。

小拱棚主要用于辣椒早春栽培和秋季延后栽培。如果结合草苫覆盖保温，早春辣椒定植期可比大棚略早，而秋季可比大棚略延迟，栽培效果好。

70. 小拱棚栽培辣椒可采取哪些附加简易保护措施，促进早熟丰产？

定植前可提前开沟晒土，并可在定植地块的北、西面夹风障，促进早缓苗。甚至可在夜间加盖草帘等保温，使辣椒的定植期提前。

71. 小拱棚栽培辣椒如何进行品种的选择？

小拱棚栽培是以早熟栽培为主要目标，宜选择抗病性强，早熟，苗期耐低温，有一定生长势的品种，特别是对病毒病抗性要强。甜椒可选择抗病性较强的中早熟品种，如中椒5号、中椒7号、农大506、农大508等品种。半辣型的牛、羊角椒中早熟栽培可选择农大99-23号、农大082、农大

603、中椒6号、湘研2号、湘研3号等品种。灯笼形微辣柿子椒可选用津椒3号、农大612、辽椒4号等品种。

72.小拱棚栽培中怎样选择合理的时间和方法定植辣椒?

不同的地区,由于气候条件不同,定植期有很大的区别。定植期应根据各地的气候条件(主要是温度)和辣椒幼苗的生育程度而定。由于小拱棚保温性能有限,一般定植期在晚霜即将结束前进行。定植过早,温度过低,植株根系发育不良,且易受冻。不附加其他任何保温措施的小拱棚栽培,华北地区辣椒定植期比露地提前10天左右;在夜间加盖草帘保温的条件下,华北地区小拱棚辣椒的定植期一般在4月上中旬进行(比露地提前20天左右),东北地区常在5月上中旬定植。早定植,有利于及早上市和延长生长期,同时提早在高温季节来临前封垄。定植太晚,不利于早熟,高温季节来临前不能封垄,病害发生严重,明显影响产量和品质,效益下降。

合理密植是辣椒增产稳产的基础和关键。特别是在北方等地区,春季5～6月份空气干燥、温度高、光照强,最易发生病毒病。合理密植不仅有利于增加单位面积的株数,进一步增加单位面积的产量,同时有利于在高温季节前封垄,增加地面荫蔽,抑制杂草生长,降低高温季节的株间和土表温度,增加湿度,减少病毒发生,还能防止果实日烧病的发生。一般采用宽窄行垄栽,并结合地膜覆盖。定植时每垄栽2行,行距40厘米,株距26～33厘米,每穴2株,每亩种8 000～10 000株。

辣椒均以带土坨的方式定植。如果是纸筒(袋)育苗的可带纸筒定植,用塑料营养钵育苗的在定植时将苗取出定植。无论用什么方式育的苗,定植等操作过程中应尽可能地保持土坨的完整,防止散坨,以保护辣椒根系,有利于定植后的缓苗生长。一般定植方法是先按株行距定植完,然后在沟中灌定植水,定植水不宜过大,以免过多地降低地温,这种方法称为明水漫灌。为防止落干而影响成活力,整地开沟时地一定要整平。明水漫灌操作简单、省力,速度较快,但易造成土温的明显下降和土壤板结,费水、费电。

为减少地温的下降,定植时可采用暗水定植法。暗水定植又称"坐水栽"或"水稳苗"法。一般做法是先挖穴,再浇水、摆苗,待水基本渗下时覆土封穴。这种方法有利于保持土壤温度,防止定植后的土壤板结,有利于幼苗恢复生长,但较费工,定植速度慢。

定植宜在晴天的上午和中午进行,定植完成后立即插拱盖膜,夜间加盖草帘等保温。

如果基肥不足或肥源不足时,为充分利用少量的肥源和促进辣椒生长,可施穴肥、沟肥等护根肥补充。由于护根肥集中在幼苗根系的周围,幼苗根系恢复生长或新根一发生即可得到充足的养分,可显著促进幼苗前期生长,为早熟高产打下良好的基础。肥料一般用饼肥、大粪干、磷酸二铵、尿素等。施用量不能太大,也不要直接与根系接触,施入的有机肥一定要充分腐熟。磷酸二铵、尿素等化肥每亩施5～10千克,饼肥等有机肥每亩施50～100千克。先将肥料施到沟内或穴内,再与土掺匀,然后栽苗灌水。如果是暗水定植的可在灌水后施肥于土坨周围,再覆土。

73.小拱棚栽培辣椒定植后管理上要注意抓好哪些环节?

定植初期的温度管理:刚定植时外界温度低,要注意保温。刚定植 1 周内小拱棚内湿度很大,也未缓苗,幼苗不会徒长,这一段时间内可基本不放风,晚上要盖严草帘保温。缓苗后白天可降到 28℃左右,夜温 16℃为宜。起初放风可先放小拱棚的两头,但在天气不断转暖的情况下,晴天中午小棚内温度较高,只要小拱棚两头棚内温度还高时,就要揭开背风的一侧薄膜,适当放风,防止烤苗(以小拱棚内不超过 30℃为宜)。放风管理随着外界温度的不断回升,放风量不断地加大,到露地气温适于辣椒生长时,可彻底撤去小拱棚保护设施,进入露地生长。一般定植后覆盖 30~40 天,如华北地区可在 5 月中下旬去除小拱棚保护。

加强定植后(田间生长前期)管理,促进坐果和植株的正常生长,在 6 月中、下旬前封垄。辣椒喜温、喜水、喜肥,同时具有高温下易发病,水涝易死秧,肥多易烧根的特点,在整个生长期间要根据不同的发育阶段采用不同的管理方法。定植初期要注意中耕、蹲苗管理,调整营养生长和生殖生长的关系,促进植株茎叶和根系生长及坐果。这一时期管理的主要目标是促进幼苗迅速缓苗生长,促进植株生长,特别是要形成强大的根系,同时要调节地上部和地下部、营养生长和生殖生长的平衡,在保证植株健壮生长的前提下,促进坐果,为早熟丰产打下良好的基础。定植后 7 天左右浇第二水(缓苗水),并进行深中耕(5~7 厘米),近根处稍浅,距植株远处要深。由于早春温度低,中耕松土有利于提高地温,减少土壤水分蒸发,又可保持地面疏松干燥,中耕还可增加土壤的通气性，促进根系的生长。如果幼苗发黄、生长势弱，底肥不足，可结合浇缓苗水轻施肥。定植初期的管理工作一定要及时，使辣椒尽早缓苗发根，恢复生长。浇缓苗水后经1～2次中耕后开始蹲苗，即控制浇水，控水蹲苗10～15天，叶色加深、茎秆粗壮，门椒已坐住(大小直径2～3厘米)，即可结束蹲苗。蹲苗可促进根系纵深发展，达到根深叶茂，防止植株徒长，促进坐果。但蹲苗也不能过度，蹲苗期的长短要根据气候特点、土质、品种特点等灵活控制。以提倡小蹲苗为宜，蹲苗过度影响植株发育和正常封垄，诱发病毒病等。

蹲苗期结束后及时浇水，以增加土壤湿度和空气湿度，促进开花和坐果。当第一层果长到2～3厘米大小时，结束蹲苗，及时浇水和追肥，每亩施腐熟的人粪尿500～1 000千克或速效性氮肥10～15千克，同时配合施入磷、钾肥，促使植株健壮生长和果实发育。浇水施肥后要及时浅中耕，改善土壤的通气性。

加强肥水管理，及时培土，促进丰产和植株健壮生长：这一时期管理上的主要目标是加强肥水管理，及时采收，促秧攻果，保证植株健壮生长，防治病虫害发生，取得早熟高产。同时植株要在高温季节前培土封垄，做好越夏的准备。华北地区一般要在6月中旬前封垄；东北地区要在7月上中旬前封垄。为促进早发秧、植株的健壮生长和越夏后的生长，要重视施好促秧肥、攻果肥和返秧肥三次肥。促秧肥是结合浇缓苗水进行，可每亩施入15千克的尿素，此肥对促进植株早发秧、早封垄有重要意义；攻果肥一般是结合结束蹲苗后的第二水每亩施入25千克的氮肥，这次肥对增产效果显著；返秧肥是在越过高温多雨的夏季期(如华北地区常在8月初)及时重施一次氮肥，一般每亩施30千克，以促进缓秧,防止植株早衰,迎接第二次结果高峰。

辣椒结束蹲苗后,植株和果实进入旺盛生长期,并开始和大量采收果实。气温也不断升高,降雨量也增加,病虫害也不断发生,是管理的关键期。如果植株前期生长不良,同时中期管理跟不上时,易造成植株生长停滞,病毒病发生严重,果实小,品质差,产量降低。

为防止门椒坠秧影响植株生长和坐果,门椒要尽早采收,并及时浇水和追肥,保持土壤湿润,促秧攻果,争取在高温季节前封垄。植株基本封垄后,可减少或避免阳光直射地面,降低地温,有利于辣椒根系在夏季正常生长,安全越夏。

如果定植时采用沟栽的,则在封垄前要及时进行追肥培土保根。辣椒培土前先在原来的定植沟内追施优质有机肥(如饼肥、麻渣等)和少量的复合肥,然后再培土。培土时由垄背上取土培到原来的定植沟中,培土后原来的沟成为垄,而垄背则成为沟。由于辣椒根系浅,培土时取土深度不要超过定植沟下6～9厘米,培垄的高度以11～12厘米为宜,避免伤根过重。培土有利于防止雨季植株倒伏,还可降低根际周围的温度,有利于高温雨季根系的正常生长。

为防止病虫害的发生,可每隔1周喷1次敌百虫、乐果、功夫等杀虫剂和百菌清、多菌灵、甲基托布津等农药防止蚜虫和病害的发生。喷药时还可加入0.1%～0.2%的尿素和磷酸二氢钾及喷施宝等叶面肥。

八、辣椒改良阳畦栽培技术

☞ 74.改良阳畦生产辣椒有什么优点？如何安排茬口？

改良阳畦结构简单，建造的成本低，建造方便，在我国北方地区很普遍。春季它可用于育苗，同时栽培辣椒又比大棚略早定植和早采收上市，栽培的效益较高。

茬口主要有春提前栽培和秋延后栽培二个主要茬口。

☞ 75.改良阳畦栽培辣椒如何选择适宜品种，并培育壮苗？

春提前栽培宜选择较耐低温、抗病性强的早熟和中早熟品种。甜椒有甜杂 6 号、中椒 5 号、中椒 7 号、农大 506、农大 508 等；牛角形和羊角形辣椒有农大 99-23 号、农大 082、都椒 1 号、湘研 2 号、保椒、牛角椒等；灯笼形微辣品种可选津椒 3 号、农大 612、农大 613、辽椒 4 号等品种。

秋延后栽培辣椒宜选择苗期耐高温、后期耐低温、抗病毒病强的中熟品种。如农大 610、中椒 5 号、农大 99-23 号、农大 082、中椒 6 号、湘研 3 号、沈椒 3 号等。

改良阳畦春提前栽培，育苗一般在温室中进行，育苗期正处于严寒季节，育苗时宜进行加温或采用电热温床育苗。北京等地一般在 11 月底 12 月初播种，苗龄 90 天左右。

秋延后栽培育苗时正值高温多雨季节，所以，育苗的关键是防虫、防雨、防高温、防病(即“四防”)。采取遮阴防雨措施是培育壮苗的关键。苗龄不宜太大，一般为 40～50 天，具有 6～8 片叶，苗高 15 厘米左右。华北地区一般在 7 月上中旬播种育苗。具体育苗方法可参考育苗技术部分。

☞ 76. 改良阳畦中怎样进行整地和定植?

春提前栽培辣椒，定植前认真清理残茬，做好田间卫生。辣椒根系分布浅，对环境反应敏感，不耐旱、不耐涝，必须精细整地。改良阳畦辣椒生长采收期较长，要取得优质高产，必须充分施足基肥，要求每亩施入 6 000 千克以上充分腐熟的优质有机肥，同时混合施入 40 千克的复合肥和钾肥 20 千克。先将 2/3 的有机肥均匀撒施地面，再深翻整平，剩余 1/3 有机肥按行距集中施入。采用小高畦地膜覆盖栽培。提前覆盖地膜，以烤地增温。

要及时早定植，定植时要求阳畦内 10 厘米土温不低于 13℃，夜间最低气温不低于 5℃。北京等地区一般在 3 月上旬至中旬定植，定植过早易受冻害。单株定植的株距为 25 厘米，双株定植的株距为 33 厘米，行距 50 厘米左右。

为了有利于早定植和早缓苗，生产中可采取阳畦内再扣小拱棚等多种保温增温措施，和采用“坐水稳苗”的定植方法，以增加温度。

秋延后辣椒，定植前阳畦应进行高温闷棚消毒，即关闭所有放风口，使阳畦内温度上升到最高，并维持 6 天左右，以杀死各种病虫。整地时每亩施入 5 000 千克以上充分腐熟的优质有机肥。先将 2/3 的有机肥均匀撒施地面，再深翻整平，剩余 1/3 有机肥按行距集中施入，并混入 30 千克的磷酸二铵和硫酸钾 15 千克。宜采用小高畦栽培。华北等地一般在 8 月中下旬定植。定植应选择阴天或下午进行。定植时尽量多带土，少伤根。行距 40～50 厘米，株距 30 厘米，双株定植。定植水要充足。定植时温度高，阳光强，可采用各种方法适当遮阴，改良阳畦的底膜要掀开，造成通风而凉爽的条件。

77. 改良阳畦春提前辣椒定植后如何进行温、湿度调节？

定植初期为缓苗期，且外界温度较低，栽培上要采取多种保温和增温措施（可参考大棚栽培的内容），管理上以升温保温，促进缓苗和生长为主。刚定植 5～7 天内基本不放风，晚上要盖严草帘保温，气温白天控制在 28～35℃，白天不超过 30～35℃不放风，夜间 17℃左右。缓苗后白天可降到 28℃左右，夜温 16℃为宜。以后白天通过调节放风时间和放风口的大小，控制和调节改良阳畦内的温、湿度，使棚温控制在白天 25～27℃的生长适温内，夜温不低于 15℃。如果白天温度超过 35℃、夜温过高、温差又小，易造成落花、落果。当外界最低气温稳定在 12～15℃时，晚上可不盖草帘，并要昼夜放风。

阳畦内的空气湿度影响辣椒的生长和坐果，当湿度过大时会影响辣椒花粉的散出，影响授粉受精，较适于辣椒坐果的空气湿度为 50%～60%。如果阳畦内空气湿度过大易引起植株徒长，导致落花落果，特别是辣椒生长的前期，高温高湿时易造成门椒坐不住果。所以缓苗后在保证生长适温的情况下要加强放风降湿管理。

放风的原则是先小后大，根据天气和植株生长状况灵活进行。要使阳畦内有一定的昼夜温差，夜温必须低于昼温。在阴天等日照较少的天气，在不造成低温伤害的情况下，要适当降低白天和晚间的温度，以减少植株自身的养分消耗。通过调整温度和湿度使辣椒植株生长矮壮，节间短，坐果多。由于阳畦内湿度一般均较高，所以，加强通风降低湿度对提高辣椒坐果率有重要的意义。当外界气温晚上达到 15℃以上时，晚上也要加大通风。到 6 月中下旬拉秧。

☞ 78.改良阳畦春提前辣椒定植后如何进行促控结合，加强肥水管理？

定植初期要促控结合，促进辣椒根系生长，协调营养生长和生殖生长，促进早坐果、多坐果。定植时浇定植水，定植水不宜太大。定植后 5～7 天，辣椒缓苗后再浇一次缓苗水，连续中耕 2 次，进行控水蹲苗。在门椒坐住前不宜浇水，到门椒坐住后果实长到直径 3 厘米时结束蹲苗，开始浇水追肥。这一段时间要特别注意蹲苗控制生长，否则高温高湿易造成植株徒长，落花落果，门椒坐不住。如果定植水浇得很足，又采用地膜覆盖，可不浇缓苗水。

4 月份起进入采收期，而且此时气温逐渐升高，水分损失较大，要多施肥和浇水，也可结合喷药等进行叶面施肥。结束蹲苗时要浇催果肥，每亩施入硫铵或尿素等 10～20 千克。结果前期可 8～10 天浇 1 水，隔 1 次水追 1 次肥，盛果期 5 天左右浇 1 水，攻果壮秧，防止落花、落果、落叶。

为改善阳畦内的通风透光，植株下部（门椒以下）的老叶和侧枝均应及时打去。

☞ 79. 改良阳畦秋延后辣椒定植后如何进行科学管理?

秋延后辣椒定植时是高温季节,水分损失多,定植后5天左右要及时浇缓苗水,并随缓苗水追1次提苗肥,以促进幼苗生长,以后视情况再浇水。第二水后及时进行中耕松土和浅培土。如果土温过高,可采用在行间覆盖稻壳、稻草或盖银灰色地膜等方法降地温。由于定植初期外界温度高,土壤蒸发量较大,应相应地增加浇水次数,防止高温干旱引起病毒病。蹲苗期不能过度控水,以多中耕松土为宜。大雨时及时排水防涝。

定植后20多天植株开始开花,要加强通风透光管理,促进坐果。定植后1个月左右门椒坐果后,要加强浇水追肥管理。此时温度已开始下降,正值辣椒生长适期,可15～20天追肥1次。

本茬辣椒生长前期温度高,湿度大,植株生长旺,茎较细软,要及时进行培土,防止植株倒伏。植株下部的老叶和细弱侧枝均应及时打去,以节约养分和有利于通风透光。

9月中旬起,气温逐渐下降,要扣好棚,白天揭开放风口通风降湿,夜间仍需留通风口。如果地上覆盖稻草等物时要及时去除,并覆盖透明地膜增温。各种遮阴覆盖均应撤除。当外界气温下降到15℃以下时,夜间需将全棚扣严,进行保温,只在白天通风。到了10月中下旬,外界气温急剧下降,阳畦内最低气温下降到15℃以下时,晚上应开始盖草帘等不透明覆盖物保温。要使改良阳畦内的温度白天保持在25～28℃,夜间15～18℃。天气转冷后,应减少浇水次数,以保持土壤潮湿为宜。

采收要及时，特别是门椒、对椒，采收晚会造成果实坠秧，影响植株生长和地上部的开花坐果。后期的果实可尽可能地延后采收，以延后上市时间，如果结合贮藏保鲜，最晚可延长到春节上市。当温度低于10℃时对果实生长不利，所以，当保护设施内最低温度低于10℃时应及时采收果实。

秋冬季辣椒果实越晚上市价值越高，可采用贮藏延迟到春节前后上市。贮藏方法可参考后面的内容。

☞ 80. 改良阳畦秋延后栽培辣椒易发生哪些主要病虫害？

改良阳畦秋延后栽培前期易发生蚜虫、白粉虱、茶黄螨、美洲斑潜蝇和病毒病、疫病、疮痂病等危害，应注意防治。

九、辣椒塑料大棚栽培

☞ 81. 大棚种植辣椒为什么能增加产量和效益?

塑料大棚栽培辣椒可以进行春提前栽培，也可以进行秋延后栽培，华北地区和南方大多进行春提前早熟栽培，其次为秋延后栽培。东北和西北等高寒地区，夏季不太炎热，可采用一大季栽培。

辣椒喜温怕热，进行一大季栽培应在高温季节来临前长成强大的根系和健壮的地上部，这样有利于抵抗高温不利的条件，安全越夏，塑料大棚栽培辣椒可提前定植，生育前期温度适宜辣椒生长，使辣椒在高温季节来临前，植株已经很繁茂，有利于辣椒安全越夏，延长生长期，提高产量和质量。

大棚栽培辣椒可以人工调节光照和温度，早春塑料膜不仅起到保温作用，同时减弱了一定的光量，一定的遮光有利于辣椒生长，所以在春季大棚辣椒生长良好，而在高温季节，可以采用废旧薄膜、竹苫、遮阳网等方法进行遮阴，在减轻光照强度的同时可降低大棚内的温度，使辣椒继续健壮生长。大棚内的土壤和空气湿度较易人工控制，湿度一般比露地要大，有利于辣椒坐果。在大棚内可以人为地对温度、湿度、光照进行一定的调整，以满足辣椒生长发育的需要，有效地延长辣椒的生育期、结果期，特别是结果高峰期。早春采收期可比露地提早 30～40 天。在管理技术水平较高时可越夏恋秋栽培，一直到初冬。初冬可比露地辣椒晚拉秧 30 天左右，所以，大棚栽培辣椒产量大大高于露地栽培，品质也明显好于露地栽培的品质。同时大棚栽培辣椒管理成本又较低，是很有发展前途的栽培方式。

☞ 82.生产中经常采用的大棚有哪些类型？各有什么特点？

大棚的结构类型很多，也有不同的分类方法。在生产中较普遍和实用的，按建筑材料分竹木结构、竹木水泥混合结构、钢架结构、装配式钢管结构等。

目前，生产中常见的大棚一般跨度在 8～13 米，棚高 2～3 米，长度在 40～55 米，高度与跨度之比为 1∶4 或 1∶5，一个棚的面积一般在 0.3～1 亩。大棚一般为南北延长，南偏西 15 度。南北延长有利于增加抗风能力和光照分布均匀。

(1)竹木结构大棚：这种大棚的棚架用料主要是竹木，取材方便，施工简单，造价低。虽然是一种较原始的建造形式，但由于成本低，建造方便，在许多资金不足的新菜区仍受欢迎，在我国大棚生产中仍占有较大的面积。这种结构大棚的缺点是竹木易腐朽，一般只能用几年，同时大棚内立柱多，遮阴面大，不便于操作和管理。这种大棚跨度一般在 10～15 米，长 30～60 米，中间高 1.8～2.0 米，两侧肩高 1.1～1.5 米。

竹木结构大棚是由立柱、拱杆、拉杆、压杆组成大棚的骨架。竹木结构立柱直径以 5～8 厘米为宜，立柱基部要用砖、石或混凝土墩做柱脚石，立柱埋置深度 50 厘米左右。从横断面看由 4～8 排立柱，柱间距离 2～3 米，柱顶用竹竿连成拱形。目前生产中常见的是6排立柱。如果一栋大棚宽15米,中柱2排,间隔2米,腰柱2排,腰柱与中柱间距2.75米,边柱2排,边柱与腰柱间隔2.75米。横向立柱上用拱杆连接呈自然拱形,拱杆两端插入地下,深30厘米以上,拱杆是支撑塑料膜的骨架,一般用直径4厘米的竹竿。大棚纵断面看立柱之间距离为1～1.2米(即为拱杆的间距)。纵向每排立柱再用拉杆把立柱连接起来,对大棚骨架整体起到加固作用,一般用直径5～6厘米的竹竿或木杆作拉杆。拱架上覆盖塑料薄膜,并拉紧,膜四周埋入土中深约30厘米以上。在两拱杆间用8号铁丝或专用压膜线压住薄膜,铅丝两头固定在地锚上。为增加大棚的使用寿命,可将立柱的腿涂上柏油或改成水泥墩。

为了克服普通竹木结构大棚的缺点,生产中采用悬梁吊柱的方法,可减少棚的立柱1/2～3/4。即纵向立柱间距加大2～3倍,一般隔2个拱杆设一排立柱,不设立柱的拱杆在拉杆处设一20～30厘米长的悬柱(吊柱、小支柱)支撑拱杆。这种方法不仅节省用料,减少了遮阴,又有利于操作管理(图8)。

(2)竹木水泥混合结构大棚:为克服上述纯竹木结构大棚的缺点,将木杆立柱改为断面50平方厘米粗的水泥立柱,并改为悬梁吊柱。所以这种棚支撑力加大,用料减少,遮阴也减少,有利于延长使用寿命,便于操作。

(3)水泥结构大棚:为克服竹林结构易腐朽和钢筋易生锈的不足。可用弯曲的水泥柱作拱杆,造价低,较坚固,不易变形,寿命较长。在预制弧形弯曲水泥柱时,其柱内横断面上钢筋应呈三角形排列,以便水泥柱上弯曲部位承受较大面积的压力,而不致断裂。这种结构,棚内一般是无柱的,有利于提高土地利用率,便于操作管理。

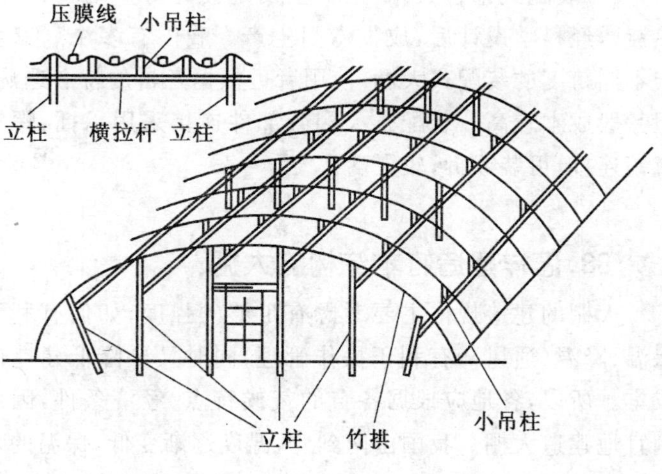

图 8　悬梁吊柱式竹木结构大棚各部位结构图

(4)钢架无立柱大棚:这种类型大棚在华北等地较普遍。主要用一定粗度的钢筋或钢管作拱架和拉杆。一般棚跨度 10～16 米,长 50～60 米,高 2～2.5 米,棚内无立柱(图 9),不遮阴,便于操作和管理,小型机械可进行操作。

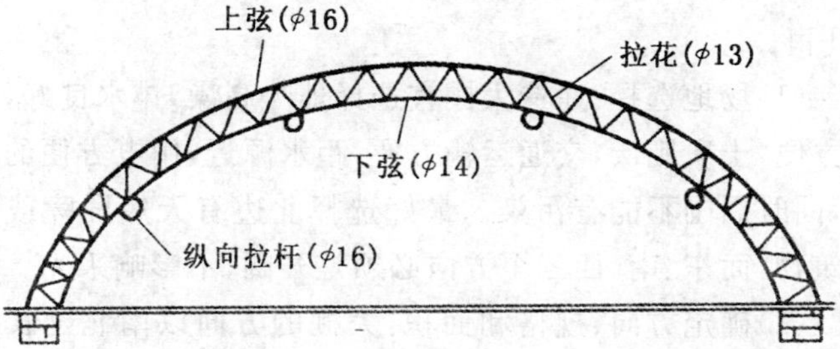

图 9　钢架无立柱式大棚

（5）装配式钢管大棚：架材主要是镀锌薄壁钢管（内外热镀），经科学设计后，成批专门生产。我国有多个厂家生产不同跨度的装配式大棚，使用者可根据各自的特点选购。但一般成本较高。装配式大棚各部件连接采用承插、螺钉或销连接，可装或拆，较灵活。

83.怎样建造竹木结构的大棚？

大棚的建造规格主要考虑有足够的强度，如何有利于保温、降温（通风），有利于操作管理，同时又要降低建造的成本。所以，各地应根据各自的气候特点、经济条件，因地制宜地建造大棚。我国由南到北，温度逐渐变低，保温的矛盾越来越突出，由北向南通风降温的矛盾越来越重要，所以，大棚的面积大小由南向北有逐渐增大的趋势。如华北等地生产中常见的大棚一般跨度在8～12米，长度在40～60米，高度与跨度之比为1∶4或1∶5，一个棚的面积一般在0.5～1亩，面积以1亩的大棚居多，有钢架结构、竹木结构、竹木水泥混合结构和装配式大棚；黄淮流域一般不超过1亩，跨度常在6～8米；长江中下游地区每个大棚约在0.3亩。

（1）场地选择：建造大棚宜选择地势高燥，排水良好，灌溉方便，土质肥沃，交通运输方便，距水源近，用电方便的地方，同时周围不能有污染。最好选择北边有天然屏障或有建筑物，而东、南、西三个方向必须是开阔，不影响采光。

（2）确定方向、规格和面积：大棚的方向以南北延长为宜，棚内受光均匀，蔬菜生长较整齐，南北延长也有利于减少西北风对大棚的影响。大棚的规格在各地有所不同，北方温度低，以保温为主，冬季冻土层深，大棚内两侧地温受冻土层影响大，棚宽度一般10～15米，每棚约1亩，以利于保温。如果再宽，则不利于通风降温降湿，而且棚负载加大，棚架易压塌。在南方，温度不如北方低，在考虑保温的同时要加强通风降温，所以，南方的棚一般宽度为6米左右，长度40～60米，每棚0.3～0.6亩。

(3)施工：以跨度12米，高2.5米，长55米的竹木结构大棚(悬梁吊柱式)为例。拱架间距1米，每排拱架用6根立柱支撑，立柱基部埋入土中30厘米，并在立柱基部安装柱脚石(防止大棚上下蹿动)，立柱与柱脚石接牢。立柱的腿可涂上柏油，以增加立柱(大棚)的使用寿命。6根立柱间隔距离可以根据竹竿与立柱直径情况灵活调整。例如两排中柱可间隔2米，腰柱2排，腰柱与中柱间距2米，边柱2排，边柱与腰柱间隔2米。在立柱上头8厘米左右地方钻一小孔，把竹竿(拱杆)放在立柱上，用铁丝通过小孔将拱杆固定在立柱的上面，拱杆两端插入地下，深30厘米以上，弧形的拱杆要有一定的坡度，以免太平而积雨水。拱架可用直径4厘米的竹竿。纵向每排立柱再用拉杆把立柱连接起来，对大棚骨架整体起到加固作用，一般用直径5～6厘米的竹竿或木杆作拉杆。纵向立柱的间距为3米，少埋了2根立柱，在此少埋的2根立柱相应位置的拉杆上设25～30厘米的小吊柱，以支撑弧形拱架(每1米1个)。在大棚两头可安装门和门框。大棚骨架建完后按宽度熨好膜，然后在拱架上覆盖塑料薄膜，并拉紧，膜四周埋入土中深约30厘米以上。在两拱杆间用8号铁丝或专用压膜线压住薄膜，铁丝两头固定在地锚上。1亩地竹木结构大棚的用料可参考表2。

表 2 竹木结构悬梁吊柱式大棚每亩用料参考表

名称	规格(米×米)	单位	数量	用途
木杆	2.8×0.06	根	37	中柱
木杆	2.3×0.06	根	37	腰柱
木杆	1.9×0.06	根	37	边柱
木杆	3.0×0.05	根	120	纵向拉杆
木杆	0.20×0.04	根	111	柱脚横木
竹竿	5.0×0.04	根	168	拱杆
木杆	0.20×0.04	根	224	小吊柱
铁丝	14 号	千克	5	固定拉杆小吊柱
铁丝	8 号	千克	45	压膜线地锚
钉子		千克	2	钉柱脚横木
门框		个	2	出入口
门		扇	2	开闭出入口
薄膜		千克	140	覆盖
麻绳		米	240	穿底角围裙
砖		块	220	拴地锚

☞ 84. 塑料薄膜有几种？各有什么特点？

目前生产中常用的塑料薄膜就其所用的原料来分主要有两种：一种是聚氯乙烯树脂制成的聚氯乙烯薄膜(PVC膜)，另一种是用聚乙烯树脂制成的聚乙烯薄膜(PE 膜)。在这两种原料的基础上添加不同的助剂，使薄膜耐候性强，具有不同的特殊功能。这两种薄膜在保温性、透光性、重量、弹性等有所区别。①由于聚氯乙烯膜对地面反射的长波辐射透光率低，而聚乙烯膜透过率高，所以聚氯乙烯膜保温性好于聚乙烯膜。②聚氯乙烯膜透可见光能力好于聚乙烯膜，所以新聚氯乙烯膜透光好，棚内光照较强，但使用一段时间后薄膜内添加的增塑剂遇热而部分析出到薄膜表面，使薄膜变黏，膜表面易吸尘土而被污染，再加上静电吸尘，所以到了秋季，棚内光照强度大大降低。③聚氯乙烯膜比重较大，每立方厘米重1.25克，聚乙烯膜较轻，每立方厘米为0.92克，同样重量的0.1毫米厚的聚乙烯膜可比聚氯乙烯多覆盖20%的面积。④聚氯乙烯膜除可加热烙合外，还可以用黏合剂黏合。聚乙烯膜只能用烙合或缝补。⑤聚氯乙烯膜弹性好，抗拉伸能力强，而聚乙烯膜弹性差，不抗拉伸，拉长后不易恢复原状。⑥聚乙烯膜紫外线透过率比聚氯乙烯膜高10%。

随着技术的发展，现在又出现了多种多功能复合膜，如PE复合多功能膜和PVC无滴防尘膜。复合多功能棚膜是用高压低密度聚乙烯(LDPE)和线型低密度聚乙烯(LLDPE)均匀共混，采用共挤出三层复合吹塑成型技术，并加入多种特异功能的助剂，使长寿、保温、全光、无滴、防尘等聚合在一起，所以称为多功能膜。这种膜的保温、寿命、防滴、防尘和透光等性能均得到提高，是今后棚膜的发展趋势。

85.如何黏接塑料薄膜?

我国塑料大棚的保温材料主要是0.08～0.12毫米厚的塑料薄膜，一般每亩用量为130千克左右。塑料薄膜透光性好，增温快，保温性较好，是我国保护地主要使用的透明覆盖物。但厂家生产的膜是有一定宽度规格的，覆盖大棚的薄膜一般都要把几幅较窄的薄膜黏接成宽幅符合要求的一大块或3～4块，同时为了延长薄膜的使用寿命和便于固定薄膜，在每一幅膜的两边(埋入地下一边除外)均应熨边，烙出一条宽5～8厘米的筒缝，顺筒缝熨入1条0.5厘米左右粗的尼龙绳等。黏接时主要用电熨斗等加温。

具体做法是:准备一根长 2～3 米,宽 5～8 厘米,高 8～10 厘米的平直光滑木条作为垫板,并将其固定在长凳或桌上。把要黏接的两幅薄膜的各一边缘对合在木条上,相互重叠约 5 厘米。由 4 人同时操作,1 人在木条的一端负责"对缝",1 人在木条另一端负责把黏接好的薄膜拉开,第三人则在对好缝的薄膜处放 1 条宽 6～8 厘米,长约 1 米的牛皮纸或旧报纸,盖好后由站在木条另一侧的第四人把已预热的电熨斗顺木条一端用适当的压力,慢慢地推向另一端,所用的电熨斗热度、向下压力以及推进的速度都应以纸下的两幅薄膜受热后有一定程度的软化和黏化为宜。在电熨斗的压力下,两幅膜边缘黏合在一起,然后将纸条揭下,再重复黏接下一段。黏接薄膜时应注意掌握好温度,黏接聚氯乙烯膜的适温是 110℃,而黏接聚乙烯膜适温为 130℃,温度低了黏不住,温度过高,易使膜熔化。电熨斗的压力和移动速度要与温度配合,温度高时移动快,相反,温度低时移动慢,以保证黏接质量。为了提高黏接的质量,可在木条上钉一层麻袋布或细铁纱网,防止烙坏薄膜。另外,烙合时黏合处的膜一定要干净无水。

☞ 86. 怎样覆盖塑料大棚薄膜?

大棚棚膜的盖法常采用"三大块、二条缝"(图 10),即在两侧高 1 米左右的底部各设一块宽 1～1.5 米的膜(称围裙或称底围子),中间一整大块,称顶膜,顶膜两边各压在底围子上,各压透 20 厘米,可在两侧放风。大跨度(12 米以上)、大棚高 2.2 米以下的大棚可设 4 块膜,3 条通风缝(图 10),即将中间的一大块顶膜变两块,这两块在棚中间互相叠透 30 厘米，南北走向的大棚西面一块应压在东面一块膜的上面，以免被西北风刮开，其他与三大块的相同，这种方法大棚的中间也可放风，通风降温和排湿效果较好。由于后面这种方法管理不方便，且不安全，所以跨度在 12 米以内的大棚一般不采用此法。上好膜后再在膜上两拱架间压一道 8 号铅丝作压膜线(装配式大棚一般以用卡槽固定塑料膜为主，不是每个拱杆间均压压膜线)。

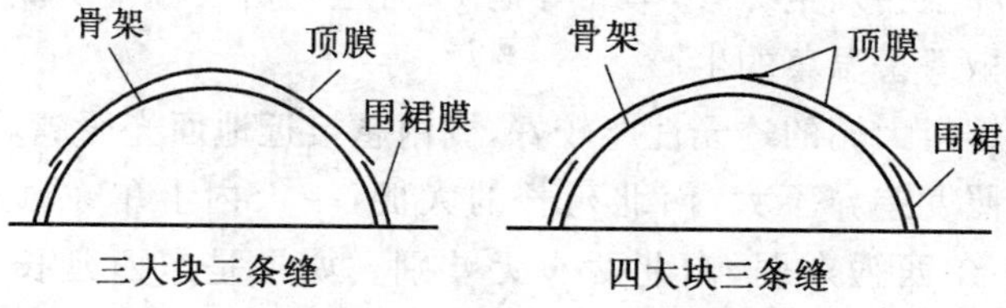

图 10　大棚盖膜方法

☞ 87. 塑料大棚内环境条件有什么特点？

大棚的温差较大。每天温度随外界天气变化而变化，在太阳出来后，棚内积聚大量的热量，使棚内气温和土壤温度迅速升温，在 3 月底 4 月初外界温度较低时棚内温度可高达 38℃，棚内地温也可维持在 13～23℃，一般棚内气温比露地高 3～5℃。但这一阶段棚内可能会出现逆温现象，在晴天凌晨由于天气晴朗，热交换频繁，棚内长波辐射强烈，使得棚内气温低于露地，这对早春辣椒缓苗和生长开花不利，所以，早春要注意收听天气预报，防止这种现象对辣椒造成危害。在夏季阳光充足的大晴天棚内气温可高达 50℃以上，易产生高温危害，栽培中要注意及时通风降温。每天下午随阳光减弱，棚温迅速下降，夜间与外界温度相差较小(2℃左右),所以,北方华北等地11月下旬至2月中旬大棚内温度低于0℃,不能进行生产。2月中旬至3月上旬后棚温逐渐回升,2月下旬起可进行耐寒菜的生产,3月底4月初起可进行辣椒等喜温菜的生产,5月份后棚温较高,常把四周"底围子"去除,只留"天膜",以利于通风降温(可比露地降低温度1～2℃),9月中旬气温下降再将底围子上好,加强保温,11月上旬后,降温后棚内种植的辣椒等喜温菜随降温会发生冻害,华北等地11月上旬后大棚中不能进行辣椒等喜温菜的生产。

塑料大棚的透光性能较好,棚内越接近地面光照越弱。水平照度差异不大,南北延长的大棚,一天内上午东强西弱,下午西强东弱,南北两头无差别。如果是东西延长大棚,则南北光照相差较大,棚内蔬菜生长不整齐。大棚内透光率因不同的建棚材料而不同,竹木结构大棚遮阴较严重,比钢架大棚透光率低10%左右,钢架结构大棚光照强度比露地低28%左右。当然透光率与薄膜的性能密切相关。较好的薄膜透光率可达90%,一般薄膜为80%～85%,差的为70%左右。为提高大棚内的光照强度,促进辣椒光合作用积累养分,栽培期间要注意防止薄膜被灰尘污染和水滴积聚,保持薄膜干净透光好。

大棚在密闭情况下,棚内湿度较大。湿度与外界天气及棚温有关,棚温高、有风、晴天,棚内湿度小,相反就大。在通风不良时,湿度一般在75%～98%。过高的湿度,特别是高湿低温时易影响辣椒生长和引起病害发生,所以,栽培中要特别注意通风降湿,以减少病害的发生,栽培技术措施上还可以通过地膜覆盖、改变灌溉方式、加强中耕除草等防止出现高湿低温现象。

☞ 88.塑料大棚内如何安排辣椒的茬口?

大棚土地利用率高,便于作业,造价低于温室,单产水平较高。利用大棚生产,可使辣椒比露地生产提早30～40天,提早上市25～40天,秋季可延后生长30天左右,延后供应30～40天。大棚中栽培辣椒主要茬口为春提前和秋延后两茬。大棚春提前栽培辣椒管理及时时,在夏季凉爽地区,可越夏栽培一直延后到秋末冬初,产量和经济效益较高,是很有发展前途的一种栽培方式。北京等地区秋季适于辣椒栽培生长的时间较短,秋延后辣椒栽培较少,但在长江流域及其以南地区可进行秋延后栽培。

☞ 89.春提前栽培辣椒如何进行品种选择?

大棚春提前栽培要选择前期低温生长好,又耐热,抗病,早熟性好,植株开展度小,适于密植,生长势中等,抗病性强,果肉较厚,丰产的品种。生产中适宜选择的甜椒品种有:甜杂3号、中椒5号、中椒7号、农大508、农大506等;牛角形和羊角形品种有农大99-23号、农大082、农大603、农大604、中椒6号、湘研1号、湘研2号、湘研4号、湘研13号、牛角椒等;灯笼形微辣品种有农大612、农大613、津椒3号、辽椒4号等。

☞ 90.春提前栽培辣椒如何培育壮苗?

春大棚栽培前期要求早熟,所以一般要育大苗。定植时大多数幼苗要显大花蕾,株高20厘米左右,叶片数12～15片,茎粗0.4～0.6厘米。育苗时要适当早播,苗龄80～

100 天，不同地区的大棚辣椒播种期因气候、育苗设施、定植期而不同。如华北地区可在 12 月份至次年 1 月上旬温室（加温）播种育苗，最好采用营养钵等护根育苗。在日光温室中育苗的最好结合电热温床育苗，否则育苗前期苗床地温不易满足辣椒生长的需要。如果采用穴盘等工厂化育苗，苗龄只需 70 天左右，苗略小，但苗齐苗壮，根系生长好，定植后恢复生长快，有利于丰产、抗病。幼苗定植前要加强炼苗。

☞ 91. 春提前栽培辣椒如何施基肥、整地和定植？

辣椒根系弱，分布浅，对环境反应敏感，不耐旱、不耐涝，必须深翻土壤，精细整地。大棚春提前辣椒采收期较长，要取得优质高产，必须充分施足基肥，要求每亩施入 6 000 千克以上优质有机肥。先将 2/3 的有机肥均匀撒施地面，再深翻整平，剩余 1/3 有机肥按行距集中施入，并混入 40 千克的磷酸二铵等复合肥。

辣椒大棚定植可采用沟栽、平畦栽或小高畦、小高垄栽培。不采用地膜覆盖时一般采用沟栽，沟栽时 1 米宽的畦开两条沟，行距应成大小行，大行距 60 厘米，小行距 40 厘米，沟深 10 厘米左右，定植株距 25～30 厘米，每亩栽 4 500～5 000 穴，以后逐渐培土成为小高畦。定植的密度也要根据品种特性而定，对生长势较旺、开展度较大、叶量较大的品种可适当稀植。大棚中辣椒生长较旺盛，一般应采用单株定植栽培。个别生长势较弱和叶量较小的品种可适当密植，甚至采用双株定植。在棚中密度过大易造成植株徒长，落花落果严重，造成减产。

为有利于早春提高地温和辣椒根系的生长，最好采用小高畦或小高垄地膜覆盖栽培，对早熟丰产和减少病害发生有显著的效果，特别是地膜覆盖后可明显降低大棚内的空气湿度，可明显提高辣椒的坐果率。定植前20天扣棚烤地，棚内能整地时尽早施肥做畦盖地膜升地温。

大棚要尽可能地适当早定植。定植时要求大棚10厘米土温不低于12℃，夜间最低气温不低于5℃。过早易受冻害，即使没有明显的受冻，过低的温度也对幼苗生长有明显影响。华北等地一般在3月中、下旬至4月上旬定植。东北、西北常在4月下旬至5月上旬定植。如果采用双层膜、小拱棚或中棚有外保温等措施的，其定植期可再提前10天左右。有关生产中可采取的多种保温增温措施下面专门叙述。

为了减少定植时由于浇水过多造成的地温下降，定植时可采用暗水定植法（又称“坐水栽”或“水稳苗”法）。具体做法参考前面的内容。

☞ 92. 春提前栽培辣椒定植后如何进行温、湿度调节？

定植初期为缓苗期，且早春外界温度较低，栽培上要采取多种保温和增温措施（参考后面内容），管理上以升温保温，促进缓苗和生长为主。刚定植5～7天内基本不放风，气温白天控制在28～32℃，白天不超过30～35℃不放风，夜间17℃左右。缓苗后白天可降到26～28℃，夜温16℃为宜。以后白天通过调节放风时间和放风口的大小，控制和调节大棚内的温、湿度，使棚温控制在白天25～27℃的生长适温内，夜温不低于15℃。如果白天温度超过35℃、夜温过高、温差又小，易造成落花、落果。当外界最低气温稳定在13～15℃时，要昼夜放风。大棚内的空气湿度影响辣椒的生长和坐果，当湿度过大时会影响辣椒花粉的散出，影响授粉受精，较适于甜辣椒坐果的空气湿度为50%～60%。如果棚内空气湿度过大会易引起植株徒长，导致落花落果，特别是辣椒生长的前期，高温高湿时易造成门椒坐不住果。所以，缓苗后在保证生长适温的情况下要加强放风降湿管理。

大棚的温度、湿度调节主要是通过放风来调控管理。放风的原则是先小后大，先中间后两边，根据天气和植株生长状况灵活进行。要使大棚内有一定的昼夜温差（10℃），夜温必须低于昼温。在阴天等日照较少的天气，在不造成低温伤害的情况下，要适当降低白天和晚间的温度，以减少植株自身的养分消耗。通过调整温度和湿度使辣椒植株生长健壮，节间短，坐果多。由于大棚内湿度一般均较高，所以，加强通风降低湿度对提高辣椒坐果率有重要的意义。

当外界气温晚上达到13～15℃以上时，晚上也要加大通风，到6月中旬时应将底围子落下，以利于通风降温，进行越夏栽培。有的地区越夏时将膜全部揭去，揭膜前一天要浇一次水。

☞ 93.春提前栽培辣椒如何结合肥水管理促控结合，促进坐果和高产？

定植初期要促控结合，促进辣椒根系生长，协调营养生长和生殖生长，促进早坐果、多坐果。“控”主要是通过控水来达到。定植时浇定植水，定植水不宜太大。定植后5～7天辣椒缓苗后再浇1次缓苗水（如果定植水浇得很足，又采用地膜覆盖，可不浇缓苗水），连续中耕2次，进行控水蹲苗。在门椒坐住前不宜浇水，到门椒坐住后果实长到直径3～4厘米以上时再开始浇水追肥，结束蹲苗。这一段时间要特别注意蹲苗控制生长，否则高温高湿易造成植株徒长，落花落果，影响坐果。

辣椒产量高，生长量大，采收期水肥不能缺，而且此时气温逐渐升高，水分损失较大，要多施肥和浇水。也可结合喷药等进行叶面施肥。新菜地尤其要加强肥水管理。结束蹲苗后要浇催果肥，每亩施入硫铵或尿素等10～20千克。结果前期可8～10天浇1水，隔1次水追1次肥，盛果期5天左右浇1水，攻果壮秧，防止落花、落果、落叶。浇水不宜大水漫灌。

☞ 94.春提前栽培辣椒如何进行植株调整?

大棚春季栽培辣椒一般不进行整枝打杈。但在大棚中栽培生长势较露地旺，植株较高大。有的品种会发生倒伏现象，所以要及时进行培土，并在行间设简单支架。植株下部(门椒以下)的老叶和细弱侧枝均应及时打去，以节约养分和有利于通风透光。

☞ 95.春提前栽培如何及时采收?

辣椒开花后25～35天即可收获青果。采收要及时，特别是门椒、对椒，防止门椒等坠秧，影响植株生长和上部的开花坐果。特别是在植株生长较弱或本身生长势较弱的品种，更要及时采收门椒和对椒。

恋秋栽培辣椒，当外界气温较低时，为防止果实等受冻和影响贮运，一定要适时采收。采收下来的果实可短期内进行贮存，延长供应期。

☞ 96. 早春大棚栽培辣椒如何防止霜冻的发生?

早春塑料大棚栽培辣椒有时会因天气突然降温,而受到霜冻的危害。所以,早春保护地辣椒幼苗定植后,应经常听天气预报,了解近一段时间内的天气变化,如果天气有可能出现霜冻时,应尽可能采取预防措施。早春大棚辣椒定植后,当天气预报寒流来临时或小毛毛雨过后天气转晴,或白天刮风傍晚风停(或略有微风)时较易出现霜冻,要特别注意,当天气预报温度为2～3℃时就有可能出现霜冻,要注意观察做好防冻准备,0℃或0℃以下,应立即采取预防措施。

(1)培育壮苗和适时定植:早春大棚早熟栽培一定要选择耐低温性较好的适于早春栽培的品种。幼苗定植前应加强炼苗,增强植株的抗寒力。经充分低温锻炼的壮苗,细胞内液体黏性大,冰点降低,能短期忍受1～0℃的低温。

要根据当地的气候条件和设施类型,适时定植。大棚生产中常为早熟而提前定植,但早定植也要在可能的情况下进行,过早易发生冻害。原则上要求定植地块的地温稳定地达到10～13℃以上,露地栽培时要终霜期已过,而大棚等保护地要提前20天左右扣棚烤地。如华北地区大棚辣椒一般在3月中下旬定植。

(2)覆盖法及其他保温措施:在棚内可用轻质材料,如地膜、无纺布、棚膜等轻轻地贴苗畦盖上,畦的两端压住,可防御0℃左右的低温。在大棚等保护设施内定植初期为防止霜冻和促进缓苗,可采用多层覆盖,如大棚内定植后再用竹竿插小拱棚盖上地膜等,同时在棚的四周用草帘围盖。

(3)灌水法:大棚栽培时,在霜冻来临之前田间灌水,是一种简单有效的方法,能躲过 0℃的霜冻,特别是用温度较恒定的井水时效果更好。灌水后增加了土壤的湿度,增大了土壤的热容量和导热率,使夜间土温下降缓慢。同时灌水后田间空气湿度增加,夜间水由水蒸气变成水滴时会放出热量,另外,田间湿度大可减少植株叶面的水分蒸发,减少植株体内热量的损失。所以,灌水可起到保温的作用。

(4)薰烟法:霜冻来临时在田间点燃一些可燃性的杂草、农作物的秸秆、锯末等,使之产生烟,如果燃烧物太干,可加入少量的水。露地应在上风口生烟。面积大的可多点燃几堆,使菜田上空的空气温度均能回升。烟雾能使水汽凝结,放出部分热量,同时还能隔离冷空气。

(5)临时加温:定植较早,大棚、中棚等保护设施内,可采取临时生炉子加温的方法,或直接点明火,以提高空气温度。加温(点火)要注意安全,应远离塑料膜、保温覆盖物和幼苗。大棚等临时加温可放在中间过道处进行。

97. 春提前栽培辣椒中易发生什么病虫害?

大棚辣椒较春季易发生蚜虫和疫病。越夏时要注意防治病毒病和螨危害。病虫害防治上要以预防为主,控制各个环节进行综合防治。具体防治方法可参考后面的病虫害防治内容。

98. 大棚春提前栽培辣椒如何进行间作套种?

春大棚提前扣棚整地做畦,在定植辣椒前提前先定植洋白菜、生菜、油菜等早熟、耐寒、抗抽薹的耐寒蔬菜,然后再定植辣椒,可在辣椒开花初期收获套种的洋白菜、生菜、油菜,增效显著。如华北地区可在 3 月上旬先在垄间定植洋白菜、生菜、油菜，3 月下旬在垄上定植辣椒。套种的洋白菜、生菜、油菜等可于 4 月中下旬收获。

同时在大棚两侧拱架处和垄上可于 3 月下旬点播架豆、豇豆，垄上点播密度要稀，以免过于遮阴而影响辣椒的生长，一般可 1 米点 1 穴，隔 1～2 畦点豆。这样拱架处的豆可顺着拱架生长，而垄上的豆应插架或吊绳引蔓，豆可比露地早收近 1 个月，效益显著。

99. 什么地区适于进行秋延后栽培辣椒?

长江中下游地区 10 月份后天气逐渐转凉，利用大棚延后栽培，可显著延长辣椒的供应，如果结合简易贮藏，可供应到元旦和春节，栽培效益较高。而北方地区秋末气温下降快，秋延后栽培辣椒时，适于辣椒生长的时间较短，辣椒产量较低，所以，北方地区秋延后栽培辣椒较少。

100. 秋延后栽培辣椒宜选择什么品种?

秋延后栽培宜选择前期耐高温，中后期耐低温，抗病性强(主要是抗病毒病)，生长速度快，果较大、较耐贮运的中熟或中早熟品种。如农大 610、中椒 5 号、农大 99-23 号、农大 603、湘研 3 号、苏椒 5 号等。

101. 秋延后栽培播种育苗应注意什么?

长江中下游地区一般在 7 月中、下旬播种。华北地区可在 6 月底 7 月初播种。此时气温高，雨水多，育苗期间易发生病毒病及多种病虫害。必须采用遮阴和网纱隔离育苗，并注意育苗基质和场地等的消毒。种子应用磷酸三钠消毒。具体育苗方法可参考“育苗技术”的内容。苗龄不宜太大，一般以 35 天左右为宜，8 片叶左右即可定植。

大棚秋延后的播种期较严格，播种过早，苗期高温多雨，幼苗易徒长和发生病毒病；播种过晚，生长期不够，影响产量和品质。

☞ 102. 秋延后栽培辣椒如何进行整地和定植？

秋延后栽培辣椒以生长前、中期需肥最多，以促进早发秧、早开花结果，提高产量。所以，施入的基肥要以速效性基肥为主，一般每亩施入 4 000 千克的猪粪或饼肥 150 千克，氯化钾 10 千克，复合肥 25 千克。应采用高畦栽培，畦高 15 厘米左右。

定植前幼苗要喷杀虫剂和杀菌剂。在阴天或晴天的傍晚进行定植。行距 40 厘米，株距 30 厘米，双株为一穴。长江中下游地区一般在 8 月下旬定植；华北地区南部应在 8 月上旬定植。刚定植时，气温高，阳光强，应在大棚上覆盖遮阴。

☞ 103. 秋延后栽培辣椒定植后栽培管理要点有哪些？

秋延后栽培要注意抓好定植后生长前期的肥水管理，使辣椒早发秧，早结果。使辣椒在 9 月下旬至 10 月上旬前坐稳果，10 月中旬至 11 月上旬可采收果实。华北等地 11 月上旬前应全部采收完成，否则会受冻。长江中下游地区可采收到 11 月下旬。部分果实可进行简易贮藏，延后供应至元旦。

前期降温防病，促进结果：9 月前温度高，光照强，对辣椒生长不利。可采取遮阴降温和加强灌水管理来降温防病。浇水要小水勤浇,并结合浇水进行追肥,追肥也要少量多次。追肥以速效性化肥为主,尤以复合肥最理想,每次可追化肥7～10千克。高温季节不能追施人粪尿,否则易造成落叶。高温季节不能偏施氮肥,否则易造成茎叶徒长,引起大量的落花落叶,结果期推迟。为使辣椒植株能集中多结果,门椒以下的侧枝要全部打去,生长势弱的植株,门椒也要及时摘除,以促进中部集中坐果。

适温期及时促进果实膨大:这一时期在9～10月间。温度和光照均适于辣椒生长,要抓紧管理促进果实迅速膨大,取得高产优质。原来遮阴覆盖的必须及时撤去覆盖物。9月份要加强追肥管理,促进果实膨大。当气温下降时要进行保温管理。华北地区一般在9月中旬扣棚。扣棚时间一定要适宜,需根据当地的气候条件灵活掌握。扣棚过早外界温度还很高,不利于植株生长,而扣棚过迟气温太低,不利于坐果,甚至严重影响植株生长和开花坐果。起初温度较高,扣棚只扣上顶膜,底围子以后再上,以利于通风降温。当气温进一步下降时,可将底围子扣上,白天揭开放风口通风降湿,夜间仍需留通风口,当外界气温下降到15℃以下时,夜间需将全棚扣严,进行保温,仅在白天通风。扣棚后浇水量适当减少,10月份后要尽量少浇水和少追肥。10月中旬后对嫩梢、无效枝条和花蕾要摘除。

保温防冻、及时采收:生长后期,外界气温急剧下降,辣椒的生长基本停止,所以,在温度管理上要以防止发生冻害为主,甚至在大棚周围盖草帘防寒防冻。但在中午天气好时仍应进行短时间的放风,以降低温、湿度和换气。华北地区在10月底11月初,长江中下游地区在11月中旬后,夜间最低温可降至5℃,为延长辣椒的采收供应期,可采取大棚内再搭小拱棚,并在晚上加盖草帘的方法进行保温。

当外界气温较低时,为防止果实等受冻和影响贮运,一定要适时采收。如果要进行贮藏的,应用剪刀剪断果柄,果不能受伤,更不能受冻。

104.秋延后栽培易发生什么主要病虫害?

秋延后栽培辣椒,在前期较易发生蚜虫、茶黄螨和烟青虫危害,病害易发生病毒病、疮痂病、疫病等。病虫害防治上要以预防为主,控制各个环节进行综合防治。具体防治方法可参考后面的病虫害防治内容。

十、辣椒日光温室栽培

☞ 105. 节能型日光温室为什么能不加温生产辣椒?

节能型日光温室是靠吸收太阳光来提高室内的温度的,在低温季节,要使温室内的温度提高,并达到生产喜温菜的要求,必须对原有温室的结构进行改进。主要是从提高温室的采光和加强保温两方面考虑。增加采光与温室的结构和材料特性密切相关,如温室的走向(角度)、间距、采光面的角度、薄膜的性能和清洁度(影响透光率)、拱架和立柱等均影响温室采光;而保温性又与温室的体积(高度、长度、跨度)、后墙的厚度和材料性质、后坡的厚度和角度、覆盖材料(透明和不透明材料、多层覆盖等)、防寒沟和温室的日常管理等方面有关。温室的结构决定了温室的性能(光、温),所以,建造温室时一定要根据本地的具体情况,结构一定要科学。

光照不仅是提高温室温度的根本,同时也是作物进行光合作用所必须。所以应尽可能地增加温室的光照,除采用上述的增加采光量的方法外,日常管理上在保证作物正常生产的前提下,尽量早拉席、晚盖席,以延长光照时间。冬季生产时在后墙可张挂反光幕。尽可能地保持塑料薄膜的清洁,增加透光量。

106. 如何正确地确定日光温室的结构，以保证冬季温室内的温度？

温室结构参数主要要考虑温室的方位、间距、高度、长度、跨度、采光面的角度、后坡的仰角、后墙厚度等。现以华北地区日光温室结构的一般技术参数为例说明。

温室高度：中脊高度 320～350 厘米。跨度不同其高度略有变化。矮的温室有利于防寒保温，但室内体积小，热容量小，升温快，降温也快，不良天气下温度的缓冲能力差，易产生低温寒害和高温危害。较高大的温室特性与之相反。但过高的温室会使温室内上层的温度高，蔬菜生育区温度低、光照弱。温室适当地增加高度能增加受光面积和提高太阳光的入射角度，有利于温室采光，受光量和热容量相对提高，但散热面积增大，必须加强保温措施，以获得高温并延长高温持续的时间。

后墙：后墙耗热量大，占温室总耗热量的 20%～25%，节能型日光温室对后墙做了较大的改进，厚度显著增加。土墙厚要在 80～100 厘米以上（一般要求厚度不低于当地的冻土层）；双层空心（内填充保温材料）砖墙厚度 60～80 厘米以上，双二四墙（或二四加三七墙），中间空 15 厘米左右，内加隔热填弃物，填充物的隔热效果为聚丙烯泡沫板＞珍珠岩＞炉渣＞锯末＞干土＞空心。后墙外还可堆草培土，使总厚度可达到 1.5 米以上。后墙高 200～240 厘米。砖墙和干土墙白天温室内温度高时内墙壁吸收热量，温度下降时又向内释放热量；潮湿的土墙白天和晚上均向外导热。在东北及其高寒地区，温室的温度调控主要靠向阳坡的薄膜上的通风孔来完成；而在华北的南部及其以南地区只靠前屋面的通风还不够,应在后墙上留通风孔,以利于高温期放风降温。

后屋顶:仰角 30～45 度,以冬至时阳光照满后墙为准。一般后坡宽 130～160 厘米。有的地区为提高后墙的采光量,使后屋顶仰角较大,在仰角较大时,应适当地加宽后坡宽度,以利于夜间保温。为使顶外坡度不致太大,应在外墙皮上部垒起 50～70 厘米的“女儿墙”,并填抹成三角形的屋顶,使顶外坡度为 8～10 度。屋顶的材料可就地取材,以质轻、坚固、不漏、保温好的材料为宜,总厚度一般不少于 40 厘米(与所用材料有关)。

前屋面和温室跨度:日光温室的热源是太阳光,所以,要尽可能地增加前屋面采光面积,增加阳光的透射量减少反射,因此,前屋面透明覆盖物(目前主要采用塑料薄膜)的角度尤为重要。从实验结果看,当太阳光的投射角(光线与采光面的交角)在 90～40 度时,反射率为小于 5.7%,变化范围较小,透射率变化较小,为 86.5%～80.8%;但太阳投射角在 30～10 度时反射率为 11.7%～41.2%,透射率明显下降,为 75.3%～45.3%,所以,要保证使太阳光线与透明覆盖物的投射角度在 40 度以上。增大投射角,则相应要增加温室的高度,后墙也要增高,不利于保温,而投射角超过 40 度以上时,入射太阳光线增加极有限,所以,保证投射角在 40 度以上即可,一般设计时以 55 度左右为宜,不求投射角过大。如果把前屋面分成 4 等份,则在冬季主要受光面是南面 3/4,其投射的光线可晒满栽培床和后墙;天窗(北 1/4)部分在冬季不起主导作用,但在春季日高度角升高后透光量增加。

根据阳光与采光面的投射角,可计算出理想的采光面角度。由于太阳高度角(阳光与地面交角)随纬度和季节而变化，所以不同纬度、不同季节理想的采光面角度是不同的。可根据下面的公式计算：

太阳高度角＝(90－纬度)＋赤纬；采光面角度＝55(投射角)－太阳高度角

例如在北纬 40 度地区建造以冬季利用为主的日光温室时，应以冬至时的太阳高度角来计算，依公式计算出太阳高度角为 26°73′(冬至时赤纬为－23°27′)，采光面角度为 28°27′。

华北地区拱圆形日光温室(图 11)，一般前屋(拱)面底脚(地窗)为 50～55 度，前屋面中腰(中部)角度为 25～35 度，天窗(上部)角度为 15～17 度，跨度一般在 7～8 米，中脊高度为 3.5 米左右，后墙厚在 80～100 厘米以上，后屋面仰角 30～45 度为宜。

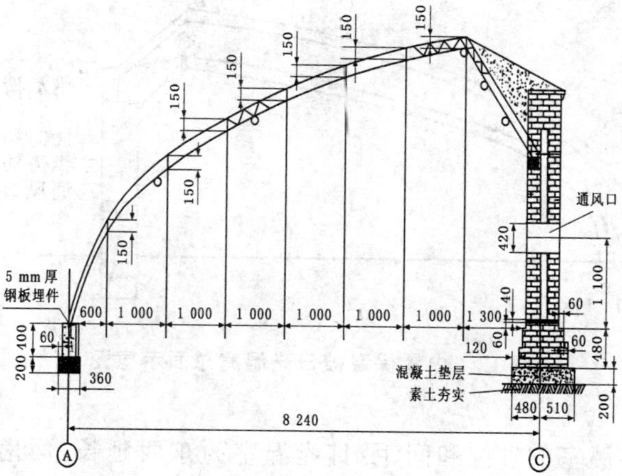

图 11　拱圆形节能日光温室剖面示意图

覆盖材料:覆盖保温是节能型日光温室改进的主要内容之一。前层面是白天接受太阳光增温,同时又是温室的主要散热面,占总耗热量的70%～80%。所以必须加强前屋面的防寒保温。透明覆盖物一般采用无滴膜(可比普通膜增温2～5℃),不透明覆盖物为稻草帘、蒲席、棉被及专用保温材料等。保温效果以棉被(增温7～10℃)优于稻草帘(增温5～6℃),蒲席(增温2～4℃)效果最差。温室内还可设二层覆盖(增温1～2.5℃)和小拱棚(增温1～2℃)等。

为了防止因冬雨雪等淋湿不透明保温材料而影响操作和保温效果,目前生产中已开始研究和使用内置不透明保温材料的日光温室。即在原来日光温室的采光面的基础上,在外面再加一层拱架把薄膜上在外层拱架上,不透明保温材料放在内层拱架上(图12)。

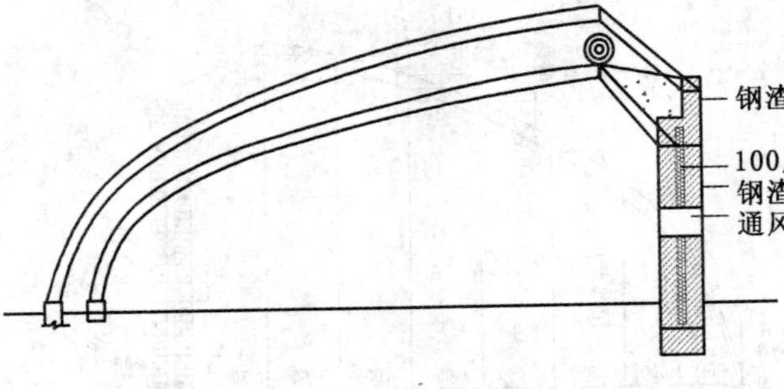

图12 内置保温被日光温室总面示意图

温室的方位和间距:日光温室为东西延长,面南。方位上有抢阳和抢阴两种观点。如果当地自然条件早上晴天多,少雾,气温不太低,上午光质好,有利于植物光合作用积累养分,则以抢阳为好;相反早上有雾天气多(如接近海边或大的河流等),透光性差,可以抢阴。抢阳或抢阴都以

5 度为宜，最大不超过 10 度。温室间最小间距以冬至太阳高度角最小时，前栋温室不遮后栋温室的太阳光为标准。确定前后温室的间距主要考虑温室的高度，即温室中脊高度加上卷起的草苫高度，间距应是此总高度的 2 倍再增加 1 米。

其他保温和增温措施：在温室的前端和两侧墙外挖防寒沟，内填乱草等隔热材料。防寒沟的深度与当地冻土层一致，宽度能下铁锹即可。我国的北部地区，由于冬季温度很低，为在冬季更好地进行蔬菜生产，有条件者可在建造温室的同时建立加温设备，以便在特殊天气时进行临时加温。在排水良好、地下水位低的地区，为增加冬季的保温效果，可将温室向下坐 30 厘米，建造时先将 30 厘米耕层土壤推到一起，然后再下挖 30 厘米，将此 30 厘米的土移去后，再把 30 厘米的耕层土壤均匀铺在表面。

107. 建造日光温室如何规划和施工？

总体规划：如果是建造单栋的日光温室，只要选择排水良好，土壤肥沃，前面又无遮阴，东西长度在 20～30 米以上，冬至时太阳光可照射到的地方，就可以建造日光温室。

如果是建造有一定规模的集中连片日光温室，就必须统一规划。要选择交通方便，地势高燥，避风向阳，土质肥沃，排水良好，水源充足，用电方便，没有大树或大的建筑遮阴，没有污染（水、空气、土壤）的地方。另外，应离公路稍远些，以避免尘土污染塑料薄膜，影响透光。规划时要统一规划田间道路，水电配制。道路应保证车辆能循环，以利于田间生产资料和产品的运输。在建立灌水系统的同时一定要建立完善的排水系统。规模化的生产还要考虑建立生产资料(如种子、农药、化肥、蒲席等)、产品的库房,堆有机肥,以及必要的办公用房和生活设施等。

规划时要科学地留出每一栋温室的建造位置。要注意每一栋温室的大小和间距(参考前面内容)。日光温室的大小以0.5～1.0亩为宜。如果跨度按6～6.5米计,一般温室的长度以45～60米较理想,最长不超过100米。温室太长不利于操作管理,而且在温室的中间易形成窝风区,窝风区空气不易流通,温度高,湿度大,易成为发病的中心区。温室太短也不利于管理,且土地利用率低,同时温室内的环境易受外界天气的影响,温室内环境变化剧烈。

按照建造的规模、水平和管理要求,安排统一的建筑施工图纸。温室的结构一定要科学合理。

施工时间:建造日光温室的时间最好选在雨季过后秋末冬初。这样对生产的影响较小,天气又较干燥,有利于施工。施工应在封冻前结束。在施工的同时可提前育苗,早建成的温室可进行冬茬蔬菜生产。

施工:做好规划,并经有关部门批准后即可施工。一定规模的和高质量的日光温室应有一定施工力量的专业施工队,按图统一施工,以保证施工质量和施工进度。按时完工,可保证日光温室建成后的生产,提高效益。

(1)按设计规划总体布局图:首先要按规划图,划出田间道路,分割出每一栋温室的占地位置,以及其他各种设施的占地位置,然后画出线,分别进行施工。

(2)单栋日光温室的建造:在低温季节要正常生产喜温果菜,关键是提高温室的温度。提高温室的温度主要从增加温室的采光和加强保温两方面考虑。这两方面除与所用材料有关外,最主要的是温室的结构对温度的影响最大。所以,一定要根据当地的地理位置,按上述的结构参数,正确地确定温室的走向(角度)、间距、长度、采光面的角度、温室高度和跨度、后墙的厚度、后坡的厚度和仰度等。选择适宜的材料和覆盖材料(透明和不透明材料)。

施工时先按设计的温室方位在温室的后墙位置放线,然后砌墙或用土筑墙(土要夯实)。后墙建成后立中柱再搭温室后坡,然后架温室前屋面(如果是竹木结构的要立1～2排立柱),并在温室前底脚外侧埋设地锚和挖深与当地冻土层一致的防寒沟,防寒沟内填入稻壳、乱草等。

108.怎样建造无立柱拱圆式日光温室?

无立柱拱圆形日光温室在温室内没有任何立柱,温室内空间大,便于各种操作,更有利于机械化操作。无立柱一般是通过改变温室的拱架来达到的,拱架在中脊处折弯,并向后延伸至后墙,其折弯的角度要满足后坡的角度,拱架将前层面和后坡连为一体,但要求拱架的强度要大。建造时,先按上述的日光温室建造的参数正确地确定温室的位置、方位及各种结构参数,然后放线开始建造温室。施工时先按设计的温室方位在温室的后墙、山墙位置放线,然后砌墙和用土筑墙(土要夯实)。后墙、山墙建成后把预先焊接好的拱架按80～120厘米间距直接架到后墙,然后固定拱架,焊接拉杆,并在温室前底脚外侧埋设地锚。用各种隔热材料做好后坡后,在前采光面覆盖薄膜。最后在温室前挖深与当地冻土层一致的防寒沟,防寒沟内填入稻壳、乱草等。

109.怎样建造琴弦式日光温室?

琴弦式日光温室首先在辽宁大连市瓦房店农民创造,温室前没有立柱,温室内空间较大,光照较强,保温性较好,温室中便于操作。目前在辽宁的南部和山东等地琴弦式日光温室使用较多,琴弦式日光温室一般跨度 7 米,矢高 3.1～3.2 米,后坡长 1.3～1.5 米,中柱是水泥混凝土预制而成,后墙高 2.1～2.3 米,后坡用玉米秸铺成,厚度 40～50 厘米,后墙用砖砌 37 厘米,外边培土达到当地冻土层以上的厚度。前立窗高 80 厘米。每隔 3 米架设一道直径 83 毫米的钢管作拱架,间隔 40 厘米东西拉 8 号铁丝,两头固定在山墙外地锚上。再按 75 厘米距离用粗 2～3 厘米的竹竿作拱架(绑在铁丝上)。覆盖上薄膜后在膜上再压粗 2 厘米的竹竿与下面竹竿重合,再用细铁丝绑紧,或用压膜线压膜。

110. 怎样正确地覆盖日光温室的塑料薄膜?

日光温室宜采用无滴膜。扣膜宜采用“三大块、二条缝”,即在下部高 1～1.5 米和顶部离后坡 1 米左右各设一块宽 1.5 米的膜,中间一整大块。最下面的一块一侧压在土中,最顶端一块膜的一侧压在后坡上。各块膜间是上面一块压下面一块,各重叠 20 厘米左右,形成两道放风口。上好膜后再在两拱架间膜上压一道 8 号铅丝作压膜线。当外界温度较低时,通过放“顶风”降低温室内的湿度。随着外界温度升高,放顶风不能满足时,再同时放侧风造成温室内气流循环达到降温降湿通风换气的目的。

111. 如何提高温室的采光和保温性能?

日光温室在低温季节要正常生产喜温果菜,而日光温室没有加温设备,温度主要来源于日光,所以关键是如何增加日光温室内的采光和保温性能。影响温室的采光和保温的根本因素是温室的结构（参考上述内容），同时日常管理也非常重要。

（1）在温室前底脚外侧挖深与当地冻土层一致的防寒沟，防寒沟内填入稻壳、乱草等。

（2）后墙和山墙增加培土，以减少温室中热量的损失。

（3）可根据天气变化，在后坡上增加轻质保温材料。

（4）后墙外夹风障，并在后墙与风障间填乱草等轻质隔热材料，也可在后墙上钉上旧薄膜等。

（5）塑料薄膜要选择透光性和保温性好的无滴膜。

（6）夜间选用保温性好的不透明覆盖，要有一定的厚度。

（7）在温室内采用二层幕、小拱棚等多层保温覆盖技术。

（8）注意检查温室的密闭情况，减少缝隙透风而降温。

（9）注意保持塑料薄膜的清洁卫生，增加透光量。

（10）控制好夜间保温材料的揭盖时间，在保持温室中一定温度的情况下，尽量延长采光时间。

（11）注意温室的放风管理。

112. 日光温室中如何进行辣椒的茬口安排?

日光温室保温性能好，节能，成本低。利用结构合理和保温性能好的高效节能型日光温室，在北纬40度地区，冬季不加温可生产喜温果菜。在冬季最冷时，温室内最低温也能达到5～7℃以上。温室的用途较广泛，可用于育苗和生产栽培等。但日光温室的热源是阳光，如果在阴天温室内温度就比较低，特别是在连续阴、雪、雨天时，由于光照和温度严重不足，温室内喜温蔬菜很难正常生长。

日光温室不用加温就能生产喜温果菜，而且辣椒栽培生产的时间比大棚长很多，所以，日光温室生产辣椒产量高，品质好。同时生产辣椒省工，可节约架材等生产资料，病虫害也少，生产辣椒成本低，所以，近年来日光温室辣椒生产发展迅速。

日光温室栽培辣椒的茬口安排以冬春茬(有的地区也称早春茬)和秋冬茬二茬为主。另一种是主要以栽培冬茬(有的地区也称冬春茬)辣椒为主。我国北纬 43 度以北地区，以及温室结构不合理，采光保温不理想的日光温室，进行冬茬栽培较困难，而且辣椒开花坐果对环境反应较敏感，栽培的风险较大，所以，常以栽培冬春茬和秋冬茬为主，而避开最低温的季节；在北纬 43 度以南地区，日光温室结构合理，采光保温性能好的日光温室，可进行冬茬辣椒的栽培。

113. 冬春茬栽培辣椒如何正确地选择适宜的品种?

日光温室冬春茬栽培要选择低温生长好，早熟性好，植株开展度小，适于密植，生长势中等，抗病性强，果肉厚，丰产的品种。生产中可选用的甜椒品种如：农大 506、农大 508、甜杂 3 号、中椒 5 号、中椒 7 号等；半辣型品种有农大 99-23 号、农大 082、农大 603、农大 604、中椒 6 号、湘研 16 号、湘研 19 号、牛角椒等；灯笼形微辣品种有农大 612、农大 613、津椒 3 号等。

114. 冬春茬栽培辣椒如何培育适龄壮苗?

冬春日光温室栽培以早熟和丰产为主，所以一般要育大苗。定植时 70%～80%幼苗已显花蕾，株高 20 厘米左右，叶片数10片以上，茎粗0.4～0.6厘米。育苗时要适当早播，苗龄80～100天，不同地区的辣椒播种期因气候、育苗设施、定植期而不同。如华北地区一般在2月初至3月初定植，可在11月初至12月初温室（加温）播种育苗，最好采用营养钵等护根育苗。最好结合电热线育苗，否则在最寒冷的季节地温不易满足辣椒幼苗生长的需要。如果采用穴盘等工厂化育苗，苗龄只需70天左右，苗略小，但苗齐苗壮，根系生长好，定植后恢复生长快，有利于丰产、抗病。幼苗定植前要加强炼苗。定植前两天在苗床内喷洒杀虫剂和百菌清等杀菌剂，预防病虫害。苗龄过长，育苗过程中控苗过度、过于干旱等，会严重影响幼苗的花芽分化，定植后易落花落果，要特别注意。

☞ 115. 冬春茬栽培辣椒定植前如何进行施基肥、整地？定植时要注意什么？

日光温室应在上一年的秋季扣好膜，这样有利于提高地温。辣椒根系弱，分布浅，对环境反应敏感，要深翻土壤，精细整地。冬春茬辣椒生长采收期较长，要取得优质高产，必须充分施足基肥，要求每亩施入6 000千克以上优质有机肥。先将2/3的有机肥均匀撒施地面，再深翻整平，剩余1/3有机肥按行距集中施入，并混入50千克的磷酸二铵等复合肥。

为有利于早春提高地温和辣椒根系的生长，最好采用小高畦或小高垄地膜覆盖栽培，对早熟丰产和减少病害发生有显著的效果，特别是地膜覆盖后可明显降低温室内的空气湿度，可明显提高辣椒的坐果率。能整地时尽早施肥做畦盖地膜（提前10天）烤地升地温。

温室要尽可能地适当早定植。定植时要求温室内10厘米土温不低于10℃,夜间最低气温不低于8℃。过早易受冻害,即使没有明显的受冻,过低的温度也对幼苗生长有明显影响。华北地区一般在2月上旬至3月上旬定植。定植应选择连续晴天,最好是"冷尾暖头"时进行。定植时苗坨面应与畦面平。为了有利于早定植和早缓苗,生产中可采取多种保温增温措施(保温增温请参考相关部分的内容)。

温室中通风透光条件差,植株生长又旺盛,所以,定植的密度不能太大。一般采用大小行定植,大行距60厘米,小行距40厘米,株距30厘米,每亩栽3 800～4 000穴。定植的密度也要根据品种特性而定,对生长势较旺、开展度较大、叶量较大的品种可适当稀植,或采用单株定植;相反,对生长势相对较弱和叶量较小的品种可采用双株定植,并适当密植。

由于定植时温度较低,为避免定植时浇大水降低地温,可在做畦前先浇水造墒,再做畦盖地膜烤地升温,而在定植时采用浇暗水的方法,同时用的水最好在温室的贮水池中晾放1～2天。

☞ 116. 冬春茬栽培辣椒定植后如何进行温度管理?

定植初期为缓苗期,且外界温度较低,栽培管理上要采取多种保温和增温措施,促进缓苗。刚定植1周内为促进缓苗,同时温室湿度较大,基本可不放风,气温白天控制在30～32℃,白天不超过35℃不放风,夜间17℃左右。为提高温室温度,还可采用张挂反光膜、二道膜、地膜上再插拱棚等多种措施。定植 6 天左右缓苗后，辣椒心叶开始生长，表明新根已发生，白天可降到 25～28℃，超过 30℃就要放风，夜温 16～18℃为宜，夜温不能超过 20℃，否则，幼苗生长细弱，易早衰和落花。以后随着外界气温升高，白天通过调节放风时间和放风口的大小，控制和调节温室内的温、湿度，使温室的温度控制在白天 25～27℃的生长适温内，夜温不低于 15℃，白天最高温不超过 30～35℃。如果白天温度超过 35℃、夜温过高、温差又小，易造成落花、落果。放风由放顶风开始，逐渐过渡到顶风和侧风口一起放。当外界最低气温稳定在 12～15℃时，要昼夜放风。温室内的空气湿度明显影响辣椒的生长和坐果，当湿度过大时会影响辣椒花粉的散出，影响授粉受精，较适于辣椒坐果的空气湿度为 50%～60%。如果温室内空气湿度过大会易引起植株徒长，导致落花落果，特别是辣椒生长的前期，高温高湿时容易造成门椒坐不住果。所以，缓苗后在保证生长适温的情况下要加强放风降湿管理。采用地膜覆盖、地膜下滴灌或膜下暗灌等可显著降低温室内空气的湿度。

温室的温度、湿度调节主要是通过放风来调控管理。放风的原则是先小后大，先顶风口后侧风口，根据天气和植株生长状况灵活进行。要使温室内有一定的昼夜温差，夜温必须低于昼温。在阴天等日照较少的天气，在不造成低温伤害的情况下，要适当降低白天和晚间的温度，以减少植株自身的养分消耗。通过调整温度和湿度使辣椒植株生长矮壮，节间短，坐果多。由于温室内湿度一般均较高，所以，加强通风降低湿度对提高辣椒坐果率有重要的意义。5 月下旬可去除薄膜，以利于通风降温。并可加强管理进行越夏栽培。

☞ 117.冬春茬栽培辣椒定植后怎样正确地进行水肥管理?

定植初期要促控结合,促进辣椒根系生长,协调营养生长和生殖生长,促进早坐果、多坐果。“控”主要是通过控水来达到。定植时浇定植水,定植水不宜太大。定植后5～7天辣椒缓苗后再浇一次缓苗水(如果定植水浇得很足,又采用地膜覆盖,可不浇缓苗水),连续中耕2次,进行控水蹲苗。在门椒坐住前不宜浇水,到门椒坐住后果实长到直径3～4厘米以上时再开始浇水,结束蹲苗。这一段时间要特别注意蹲苗控制生长,否则,高温高湿易造成植株徒长,落花落果,门椒坐不住。

辣椒产量高,生长量大,结束蹲苗时要浇催果肥,每亩施入硫铵或尿素等10～15千克。结果前期可10～15天浇1水,隔1次水追1次肥。采收期水肥不能缺,而且此时气温已逐渐升高,水分损失较大,要多施肥和浇水,盛果期7天左右浇1水,隔1水追1次肥,攻果壮秧,防止落花、落果、落叶。也可结合喷药等进行叶面施肥(0.2%～0.3%的尿素和磷酸二氢钾)。新菜地尤其要加强肥水管理。浇水不宜大水漫灌。生长过程中要根据植株的形态进一步判断营养供应状况,及时施肥。

☞ 118.秋冬茬栽培辣椒如何选择适宜的品种?

适于温室秋冬茬栽培的辣椒品种应选择苗期耐高温,后期耐低温、抗病毒病强的中熟或中晚熟品种。如农大610、中椒4号、农大99-23号、农大082、中椒6号、湘研3号、沈椒3号等。

119. 秋冬茬栽培辣椒如何培育适龄壮苗?

秋冬茬辣椒育苗时正值高温多雨季节，所以，育苗的关键是防虫、防雨、防高温、防病(即“四防”)。采取遮阴防雨措施是培育壮苗的主要环节。具体育苗方法可参考“露地育苗”部分。苗龄不宜太大，一般为 30～40 天，具有 6～8 片叶，苗高 15 厘米左右。华北地区一般在 6 月底到 7 月中旬左右播种育苗。

120. 秋冬茬栽培辣椒如何正确地进行定植?

定植前温室要进行高温闷棚消毒，即关闭所有放风口，使温室温度上升到最高，并维持 5 天左右，以杀死各种病虫。要求每亩施入 5 000 千克优质有机肥。先将 2/3 的有机肥均匀撒施地面，再深翻整平，剩余 1/3 有机肥按行距集中施入，并混入 30 千克的磷酸二铵和硫酸钾 15 千克。可采用平畦栽植，或采用银灰色、黑色、黑白双色地膜覆盖栽培。

华北等地一般在 8 月上旬至 9 月初定植。定植应选择阴天或下午进行。定植时尽量多带土，少伤根。定植水要充足。定植时温度高，阳光强，所以，温室最好用旧膜，如果是新膜可在膜上放一些遮阴物，或盖遮阳网，温室前后的膜要掀开，造成通风而凉爽的条件。

121. 秋冬茬辣椒定植后如何进行管理?

定植时是高温季节，水分损失多，定植后 5 天左右要及时浇缓苗水，以后视情况再浇水。第二水后及时进行中耕松土和浅培土，分 2～3 次逐渐将定植沟培成垄。如果土温过高,可采用在行间覆盖稻壳、稻草等方法降地温。由于定植初期外界温度高,土壤蒸发量较大,应相应地增加浇水次数,防止高温干旱引起病毒病。蹲苗期不能过度控水,以多中耕松土为宜。大雨时及时排水防涝。

定植后要加强对蚜虫和病毒病的防治。特别是8月下旬至10月上旬,温度较高,易发生蚜虫、白粉虱等虫害,并进一步传播病毒病,严重影响辣椒的产量和质量。华北等地9月中下旬外界气温迅速下降,有刺蚜和白粉虱大量迁飞到温室辣椒上,所以,温室辣椒要注意采取各种措施防治。定植后20多天植株开始开花,要加强通风透光管理,促进坐果。定植后1个月左右门椒坐果后,要加强浇水追肥管理。此时温度已开始下降,正值辣椒生长适期,可15～20天追肥1次。

秋冬茬辣椒生长前期温度高,湿度大,植株生长旺,茎较细软,有的品种会发生倒伏现象,所以,要及时进行培土,同时可在行间设简单支架。植株下部的老叶和细弱侧枝均应及时打去,以节约养分和有利于通风透光。

9月底起,气温逐渐下降,要扣好棚,白天揭开放风口通风降湿,夜间仍需留通风口。如果地上覆盖稻草等物时要及时去除,覆盖地膜增温。当外界气温下降到15℃以下时,夜间需将全棚扣严,进行保温,只在白天通风。到了10月中下旬,外界气温急剧下降,棚内最低气温下降到15℃以下时,晚上应开始盖不透明覆盖物。要使温室内的温度白天保持在25～28℃,夜间15～18℃。

天气转冷后,应减少浇水次数,以保持土壤湿润为宜。

☞ 122. 秋冬茬辣椒如何进行采收和短期贮藏?

采收要及时,特别是门椒、对椒,采收晚会造成果实坠秧,影响植株生长和上部的开花坐果。后期的果实可尽可能地延后采收,以延长上市时间,如果结合贮藏保鲜,最晚可延长到春节上市。当温度低于10℃时对果实生长不利,所以,当保护设施内最低温度低于10℃时应及时采收果实。

秋冬茬辣椒果实越晚上市价值越高,所以,可采用贮藏方法,延迟到春节前后上市。有利于辣椒贮藏的适宜温度为7～9℃,低于6℃则受冷害,适宜的相对湿度是85%～90%,气体成分为氧气2%～4%,二氧化碳低于4%。经霜冻的辣椒不耐贮藏,应剔除。贮藏中还要防止萎蔫和腐烂,防止后熟变红。辣椒贮藏时应尽可能地创造上述有利条件,延长贮藏时间。

☞ 123. 冬茬辣椒栽培要抓好哪几个环节?

日光温室冬茬辣椒是指秋季播种,冬季生产,元旦、春节上市,以供应冬春市场为主要目标,一直可采收至第二年6月份。其栽培过程中要抓好以下几个环节:选用适宜的品种,培育适龄壮苗,增施有机肥,垄作覆地膜,塑料软管滴灌或暗沟灌溉,冬季增温保温,弱光补偿,防衰防病。

☞ 124. 冬茬辣椒品种选择要注意什么?

应选耐低温弱光,丰产性、商品性好,抗病性强,生长势较旺的品种。国内对在冬季低温和长季节高产栽培还缺乏很成功的经验，建议生产中可选用农大508、农大99-23号、农大082、各种彩椒、中椒6号等品种。

125. 冬茬辣椒培育适龄壮苗应注意什么？

冬茬辣椒生产的播种期为7月下旬至8月上旬，播种适期因地而异。但一般要求辣椒定植后，在入冬前已开花坐稳果，以充分利用入冬前有利的温度和光照条件。播种过晚者正值严冬时开花，不易坐果。播种过早，高温多雨，易发生病毒病及各种虫害。育苗的前期可适当遮阴防雨。育苗的后期可逐渐去除遮阴覆盖物。其他育苗技术方法均可参照育苗技术部分。一般苗龄50天左右。

126. 冬茬辣椒定植时要注意什么？

定植前应清洁田间，施足底肥，深翻细耙，做高畦或垄，覆盖地膜，在地膜下安装塑料软管滴灌设备或采用小高垄地膜下暗灌。由于本茬辣椒生长期较长，所以，基肥一定要充足，要求每亩施入7 500千克以上的充分腐熟的有机肥，及过磷酸钙100千克，钾肥25千克，二铵40千克。定植时间一般在9月中、下旬。

一般为单株定植，大小行栽培，平均行距50厘米，株距30厘米。中晚熟展开度较大的品种株距35厘米左右。定植时先在地膜上用刀片切成十字口，把地膜向四面拉开，用小铲挖坑，把苗坨摆入土坑中，浇足定植水，水渗下后覆土，把地膜封严以防透气。栽苗深度以苗坨上表面略低于垄面或畦面地膜为宜。也可采取先定植辣椒幼苗，后盖地膜的方法，特别是小高垄膜下灌暗水的，最好是先定植后盖膜。后盖地膜要采用“苗侧套盖”的方法。苗侧套盖法是把地膜顺畦放在小高畦(垄)上两行苗之间,并拉直地膜,然后两人一组在畦的两侧,横向拉开地膜,对准苗的基部用剪子剪开地膜,顺膜缝套住苗,向畦两侧拉开地膜,然后将地膜边缘和剪开的地膜缝用土压严。

127.冬茬辣椒定植后的管理要注意什么环节?

(1)光照调节:冬茬辣椒在冬季处在光照弱的季节,所以,增加光照强度是增产的重要措施。增加光照强度的措施:一是要选择透光率高的聚氯乙烯无滴膜覆盖温室,每天揭苫后擦净薄膜上的灰尘;二是在中柱部位或后墙处张挂反光幕。

(2)温度管理:定植后缓苗前温度不超过 32℃不需放风,超过 32℃时从顶风口开始打开放风口,以利于缓苗。缓苗后白天温度在 25~28℃,夜间 17℃左右,以利花芽分化和发育。定植初期,外界温度较高,应早揭晚盖草苫。冬季要特别注意保温,夜间最低温不能低于 13~15℃,白天超过 30℃放风,放风一般于中午进行,放风要根据天气情况短时间进行,冬季放风除调节温度外主要是放掉湿气,并进行气体交换。到 3 月中旬以后,要注意逐渐加强放风,严防高温危害,特别是夜间高温会使植株衰秧,病害加重,造成减产。

(3)植株调整:日光温室冬茬辣椒生育期长。若按传统的不整枝管理,不易保持植株长期旺盛的生长势,果实也不能充分生长,影响产量和质量。所以,要进行必要的整枝,以延长生育期。生产过程中要及时打去门椒以下的侧枝和老叶,从第二或第三分杈开始,每一分杈时打去 1 个弱枝,一株主要保留 2~3 个主枝进行结果。由于生长期长,植株长得较高,可用塑料绳牵引枝条。

(4)肥水管理:定植时浇足定植水和缓苗水,然后适当控制浇水,促进坐果。在第1层果坐住后,并已有3厘米左右大小时需及时浇水,并随灌溉水追1次催果肥,每亩追施尿素15千克,随水灌入地膜下的暗沟中。12月下旬至2月中下旬为低温弱光期,如不特别干旱,要少浇水。可15天左右浇1次水。冬季浇水可选择连续晴天的“暖头”进行。开春后,温光条件转好,一般每周灌水1次,隔1水追肥1次,每亩每次追尿素等化肥15千克左右,还可每隔1～2周进行1次叶面喷肥,可用0.2%的磷酸二氢钾和尿素或500倍液的复合微肥。在有条件的地区,还可增施二氧化碳气肥。

128.冬茬辣椒采收时应注意什么?

冬茬辣椒门椒等要及时采收,但对椒和四门斗等果实,可根据天气和市场需求灵活采收。如果栽培季节控制得适宜,在12月中旬前辣椒植株上应挂果,并且果实体积和重量已基本长足,进行严冬后生长较慢,转色也慢,果可在植株上一直生长到元旦、春节。生产者可随时根据市场需求采收,效益较高。特别是彩椒,春节期间价值很高。

129.日光温室中覆盖地膜有什么作用?

在冬季或早春日光温室中覆盖地膜,有利于提高土壤的温度,改善土壤中的水、肥、气、热和结构,创造更适宜于辣椒生长的相对稳定的环境条件,对保护地低温条件下辣椒定植后根系恢复生长极为有利,根系生长好,地上部植株生长就好,有利于辣椒早缓苗、早发根、早生长、早结果,是一项很实用的早熟、丰产措施。

同时地膜覆盖可有效地降低温室中空气的湿度，对减少病虫害发生也有重要的作用。另外，地膜有一定的反光作用，可提高田间光照强度10%左右。

☞ 130. 日光温室中地膜覆盖有几种方式？

辣椒在温室中地膜覆盖栽培时一般采用小高畦、小高垄或小高畦矮拱棚覆盖等方式。具体内容参考前面的地膜覆盖。

☞ 131. 温室中二氧化碳浓度变化有何特点？为什么要进行二氧化碳施肥？

二氧化碳是辣椒进行光合作用制造养分必不可少的主要原料之一，也称之为“气肥”。辣椒中的碳水化合物主要由二氧化碳通过光合作用积累的，碳水化合物再经一系列复杂过程或与其他物质结合形成辣椒体内所需的其他物质。所以，以二氧化碳为主要原料的光合作用是辣椒取得高产优质的物质基础。温室中二氧化碳浓度变化有一定的规律性，特别在早春和冬季低温季节，为了保温，保护地内常处于相对密闭状态，夜间由于植株的呼吸作用和微生物活动，二氧化碳含量增加，在日出前可达到 500×10^{-6}～600×10^{-6}，比空气中含量 300×10^{-6}（0.03%，约0.6克/立方米）增加近1倍。日出后随着辣椒植株光合作用的增加，二氧化碳被植株消耗，其浓度很快下降，在不放风的情况下显著低于露地浓度，有时甚至下降到 100×10^{-6} 以下，此时的浓度已远远不能满足辣椒光合作用的需要，二氧化碳浓度成为提高辣椒光合强度的主要限制因素之一。所以，此时补充一定浓度的二氧化碳，则会促进植株光合作用积累养分，提高产量。

132. 辣椒二氧化碳施肥适宜浓度是多少？如何进行二氧化碳施肥？

由于二氧化碳在不同温度和压力下其比重明显不同，所以，追肥时应按重量计算，不能按体积计算。不同品种、不同的生长发育阶段、不同温度及湿度等因素，影响施用的二氧化碳适宜浓度。从各地试验结果看，在 750×10^{-6}～$1\ 000\times10^{-6}$浓度内均有显著的增产效果，且较安全，增产幅度在20%左右。

二氧化碳的来源：

不同的生产者要根据不同的生产条件，采用成本低、来源广泛和方便的二氧化碳。来源主要有几个方面：①有机物等发酵产生二氧化碳。如马粪、秸秆等经发酵产生二氧化碳。栽培时也可在温室的地面铺一些碎稻草或麦糠等有机物，经微生物分解产生二氧化碳，1吨有机物约可产生1.5吨二氧化碳。②燃烧法产生二氧化碳。燃烧焦炭、天然气、石蜡、白煤油等二氧化碳发生器来产生二氧化碳。目前有的地区已开始生产天然气灯、白煤油二氧化碳发生器，甚至燃烧普通煤的二氧化碳发生器。③化学反应产生二氧化碳法。目前主要采用碳酸盐和强酸反应产生二氧化碳。如用石灰石加盐酸反应、碳酸氢铵和硫酸反应产生二氧化碳。目前已批量生产通过化学反应产生二氧化碳的二氧化碳发生器。④液态二氧化碳直接释放法。如采用酒精工业的副产品液态二氧化碳，经压缩装在钢瓶等容器内，在保护地内直接释放或经管道直接释放。⑤通风法。通过放风通风，使设施内、外二氧化碳处于平衡，补充设施内二氧化碳的不足。这是最常用和普通的方法。

二氧化碳施用的适宜时间：

在温室等保护设施内，育苗期和开花坐果期均可施用二氧化碳，但以开花坐果后果实膨大期施用效果较好，过早施用会使辣椒茎叶过度繁茂，引起徒长。日光温室冬春茬辣椒施用时期从定植缓苗后开始，一直到采收结束。

辣椒光合作用以上午最强，下午较弱。温度低于20℃和光照弱时光合作用也很弱。所以，追施二氧化碳的时间宜在上午拉开不透明覆盖物0.5～1小时后，温度达到25℃左右时为宜，通风前0.5～1小时停止施用。一般1天施放1次，一次施用2～3小时即可基本满足光合作用的需要。下午或阳光弱的阴雨天和温度低时不宜施用二氧化碳。施二氧化碳时要降低保护地内的湿度，增加光照强度。二氧化碳的施用要力求简单、方便，成本低，效果显著。施用二氧化碳要自始至终，才能达到增产的目的，一旦中途停止易造成辣椒提前老化，产量下降，所以，要逐渐减少二氧化碳的施放量，直到停止施放。二氧化碳施放后植株代谢加快，要相应地加强肥水管理，施肥量相应地增加；只有在光照较强时，二氧化碳施肥才能有较好效果，因此，增施二氧化碳应清洁采光面，减少薄膜上的水滴等，以提高采光量。

施用二氧化碳的方法：

(1)有机物发酵法：定植前施足马粪、秸秆等有机肥，使之在栽培过程中经发酵产生二氧化碳；或在保护地中放置盛水的容器，内放动物的蹄角、皮毛、豆饼等，使之发酵产生二氧化碳。但不宜过量，以免产生过多的有害气体。也可在温室的地面铺一些碎稻草或麦糠等有机物，经微生物分解产生二氧化碳。

(2)燃烧法:通过燃烧焦炭、天然气、石蜡、白煤油等产生二氧化碳。最简单的方法是用煤球炉燃烧产生二氧化碳,它既可增加二氧化碳,在早春或冬季又可增加保护地内的温度。但燃烧不彻底时会产生一氧化碳等有害气体,所以,要在炉子燃烧旺时放入保护设施内,熄灭前搬出。目前我国有的地区已开始生产天然气灯、白煤油二氧化碳发生器等,这些二氧化碳发生器使用方便、安全,不易产生有害气体。一般 1 升煤油(0.82 千克)约可产生 2.5 千克(1.27 立方米)的二氧化碳气体,1 千克的液化石油气可产生 3 千克的二氧化碳,根据这可进一步确定施用量。

(3)化学反应产生二氧化碳法:目前主要采用碳酸氢铵和硫酸反应产生二氧化碳法。这一方法在北京、河南、山东、吉林等省市均有一定的试验和应用,效果较好。可在辣椒定植后施用,对早熟、丰产效果显著。根据化学反应式 $2NH_4HCO_3+H_2SO_4 \rightarrow (NH_4)_2SO_4+2H_2O+2CO_2$,不同设施内施用二氧化碳每天所需的原料可按下列公式计算:每日所需的碳酸氢铵(克)=设施内空间容积(立方米)×使用二氧化碳浓度($\times 10^{-6}$)×0.003 6(1 立方米发生 1×10^{-6} 二氧化碳所需的碳酸氢铵的克数);每天所需的硫酸量(克)=每日所需的碳酸氢铵量(克)×0.62[1 克碳酸氢铵需与 0.62 克硫酸(比重为 1.84)反应]。由于二氧化碳比重比空气重,扩散缓慢,为使二氧化碳浓度分布均匀,要多设二氧化碳施放点,一般一亩地要设 30～50 个点。容器应是耐酸的瓷或塑料容器,最好将容器吊挂起来,悬挂高度与生长点平行(20～100 厘米高),以利于辣椒功能叶的吸收利用;反应中要注意安全,使用前要先将浓硫酸按水与酸为 3∶1 的重量进行稀释。稀释时先放入定量的清水,再将定量的硫酸缓慢加入清水中，加入过程中不断搅拌；田间施放时先定量放好硫酸溶液，再将碳酸氢铵加入硫酸中。加时不要过猛，以免泡沫四溅。在更换新反应溶液时，要将反应后生成的硫酸铵溶液收集起来，可作氮肥施用。目前已有厂家生产这种反应器来产生二氧化碳，使用较方便安全。

(4)液态二氧化碳直接释放法：可采用酿造和酒精工业的副产品液态二氧化碳，经压缩装在钢瓶等容器内，在保护地内直接释放或经管道直接释放。这种方法施用二氧化碳较方便，施用量也较好控制，又无其他污染，效果较好。但需一定的设施和投入，目前，我国已开始示范推广。

(5)通风法：早晨太阳光照逐渐加强，设施内温度逐渐升高。当设施内温度升高到不利于辣椒生长之前，生产中要由小到大地进行通风，以降低设施内的温、湿度，同时设施内外进行气体交换，内外二氧化碳逐渐趋于平衡，使设施内的二氧化碳接近大气中的二氧化碳浓度(300×10^{-6})。这是最常用和普通的方法。

☞ 133. 冬季和早春温室中如何进行多层覆盖，以达到保温、增温的目的？

(1)覆盖地膜：一般采用小高畦覆盖。地膜覆盖增加地温尤为明显，有利于辣椒根系生长，促进早发秧，有利于提早采收；同时，有利于降低棚内的湿度，减少病虫害的发生。所以，温室内结合地膜覆盖栽培辣椒已被许多生产者所接受。在地膜覆盖的基础上还可进一步采取下述的保温增温措施。

(2)温室内套小拱棚或大拱棚：温室内辣椒苗定植后，可用竹竿、铁丝等在定植畦上插成小拱形，一般一畦插一小拱,再在拱上盖上膜,即为小拱栽培;如果拱插得较大,一拱能覆盖的垄数较多,即为大拱栽培。温室内套拱棚的保温性更好,可比单层覆盖再提早定植 7 天左右。由于温室内无风,膜边不用压,膜上不用压杆或绳等。温室内拱棚的覆盖材料可以是地膜、薄膜、旧薄膜或无纺布等,尤以厚的无纺布效果更好。白天晴天时应揭去拱棚上的覆盖物,以免中午小拱棚内温度过高,不利于幼苗生长。晚上盖好覆盖物保温。低温阴天时白天可不揭覆盖物。温室内小拱棚的揭和盖管理也要根据天气的变化灵活掌握。当幼苗长大,终霜已过时即可去除小拱棚。

(3)二层膜覆盖:在无柱式温室内可设拉幕式二层膜,可提高设施内温度 2～3℃。设置时可在距顶膜 25 厘米高度横棚拉铁丝,每隔 2 米拉一道,然后将二层膜或无纺布架在铁丝上。下午太阳下山时即可把二层膜拉开盖好,进行保温;早晨太阳升起时拉开二层膜,将膜集中在大棚的两边,以利于幼苗更多地接受太阳光。

(4)多层覆盖:温室内可结合地膜覆盖、小拱棚(大拱棚)、二层膜覆盖等进行多层覆盖栽培。另外,还可因地制宜地进行其他覆盖,如在定植初期,温室前面外四周围盖草苫等。多层覆盖是为了进一步增加保温效果,来达到早定植、早收获,防止天气突然降温对辣椒的伤害。这些方法在光照较好,早春温度低、昼夜温差大、温度变化剧烈的北方地区有很好的实用价值。

134.温室冬春茬辣椒如何进行间作套种?

华北等地区冬春茬栽培辣椒一般于 2 月上、中旬定植,在辣椒定植前提前整地做畦,在定植辣椒前提前先定植洋白菜、生菜、油菜等早熟、耐寒、抗抽薹的耐寒蔬菜，然后再定植辣椒。提前定植洋白菜、生菜、油菜等的具体时间应根据前茬作物的情况而定，如果前茬拉秧早则可早定植进行套种。这些套种的叶菜类蔬菜应在辣椒植株迅速生长前收获完毕，以免影响主茬作物辣椒的正常生长。

十一、辣椒无土栽培技术

☞ 135. 什么是无土栽培？

根据国际无土栽培学会的规定，凡不用天然土壤而用基质，或仅在育苗时用基质，在定植以后不同基质而用营养液进行灌溉的栽培方法，统称为“无土栽培”。无土栽培是近几十年发展起来的一种新的栽培方法，是农业和工业发展到一定阶段的产物。

无土栽培技术在我国从无到有，获得了一定的发展。到“七五”末期，我国基本形成了北方以基质栽培为主，江浙东南沿海地区以 NFT 栽培为主，华南热带地区以深水培为主的无土栽培发展格局。

☞ 136. 辣椒无土栽培有什么优点和缺点？

无土栽培是将辣椒等作物不用天然土壤栽培，而用营养液灌溉来栽培的方法。它可以直接栽培在营养液中，或是栽培在珍珠岩、岩棉、蛭石、河沙、棉籽壳、草炭、砻糠、锯末、泡沫塑料等介质中，定时供应营养液。

无土栽培可以人工创造根系生长的良好环境条件，充分满足作物对矿质营养、水分和气体条件的需要，并且可人工控制和调整这些条件，有利于发挥作物的最大生产能力。所以，无土栽培作物生长好，生长旺盛，产量高，品质优良；无土栽培可根据作物的需要定量施肥和水，同时可减少养分和水分的流失，有利于节约养分和水分；无土栽培可减少病虫害的发生，特别是土传病害（如辣椒的疫病等）和施有机肥带来的虫卵的危害等，有利于减少农药等的施用，产品清洁卫生；无土栽培简化了栽培工序，不需要进行耕地、整地、中耕除草等，有利于减少劳力。同时，解决了土壤栽培中的土壤改良，以及因连作带来的地力不平衡、病虫害等连作障碍等问题；无土栽培不受土地的限制，有利于充分利用各种空间，甚至荒地、沙漠等；无土栽培简化了栽培工序，有利于栽培管理的自动化和现代化。

无土栽培的不足是无土栽培需要一定的设备，一次性投资较大，用电也多，肥料费用较高，栽培中各种操作较严格，营养液的配制、调整与管理都要求有一定专门知识的人才能正常进行。

☞ 137. 辣椒无土栽培主要有哪几种类型和方式？

无土栽培设施种类和栽培方式多种多样。不管是什么方式均应能固定和支持作物的根系，并能及时供应作物生长所需的矿质营养、氧气、水分和其他外界因素。一般可根据基质、通气方式、营养液供应方式的不同，将无土栽培分为固体基质栽培和液体营养液栽培（无基质栽培）两大类。固体基质栽培又可分为有机基质和无机基质栽培。有机基质栽培的基质是采用秸草、草炭、树皮、锯末、酒糟、碳化稻壳等有机质；无机基质栽培可采用沙、砾、蛭石、珍珠岩、炉灰、岩棉、塑料泡沫等无机物。基质栽培一般在栽培槽、栽培床或袋等容器中进行。液体营养液栽培又有漂浮栽培、深水培（DFT）、营养液膜培（NFT）、喷雾培等。

（1）营养液膜栽培技术（NFT 法）：NFT 法比一般水培

法成本低80%以上,是一种节能的无土栽培技术。NFT技术只用一层很浅的,仅数毫米深(不到1厘米)的反复循环的营养液来栽培作物,克服了传统水培法需相当深的水槽及通气问题,而被广泛采用。栽培辣椒时可用塑料薄膜制成槽状栽培床,床上栽培辣椒,维持极浅的营养液流不断地缓慢循环流动,使辣椒根系吸收水分和营养,又吸收氧气。

NFT法的设施主要由栽培床(溶液槽)、水泵、输液管道和调节阀及贮液槽四部分组成。栽培时将育苗块或营养钵中育的幼苗,按一定株行距成行地在栽培床上定植,栽培床的坡降为1/80～1/100,然后用水泵将营养液从贮液槽通过管道送到栽培床的上端,使之循环流动。

栽培床即溶液槽是直接承受辣椒等作物根系和并使营养液在其中流动的液槽。栽培床的材料、型式、大小、长短及制作方法等各不相同,也是设施研究者集中研究改良的重点目标。一些设施研究较发达的国家生产出多种类型的NFT栽培设施,并辅以自动控制设备。条件较差不能购置成套设备时可自己设计制作,可用70厘米宽的黑色或底黑面白的聚乙烯膜做液槽,把薄膜两侧提起,在育苗钵上方用夹子夹紧,形成侧面呈三角形的平底长槽。辣椒栽培时溶液槽的底宽不小于30厘米,长度以10～15米为宜(图13)。一般栽培床最长不超过20米,床过长时,易造成栽培床上方与下端植株生长的不均匀。水泵要选用节能、密封、耐腐蚀,并与栽培面积和总流量相适应的自吸型水泵或潜水泵。输液管道通常选用硬质塑料自来水管,配上接头、调节阀,装配成输液管道。贮液槽的容量设计一般按每株辣椒1～2升,小型贮液槽可用塑料薄膜制作,一般用砖砌成,抹上水泥,再涂上沥青等防止渗漏。如果贮液槽配以浓度等自动调节装置，则可进一步小型化，并可在冬季对溶液进行加温处理。

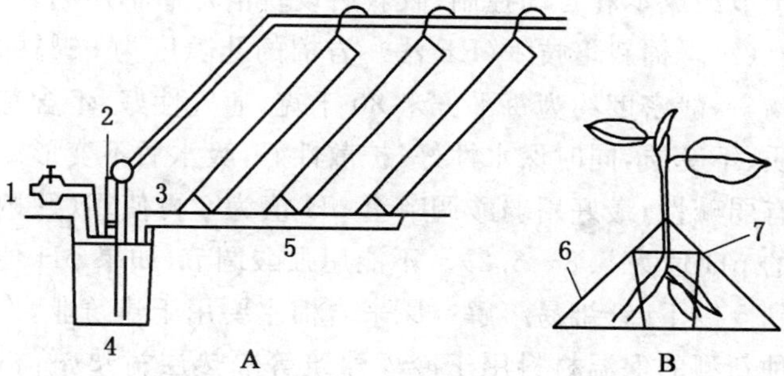

图 13　NFT 法模式图

A. 供液系统 B. 栽培床断面

1. 给水装置　2. 浮球　3. 泵　4. 贮液槽　5. 排液管或排液沟　6. 塑料薄膜　7. 育苗钵

在栽培期间要特别注意加强营养液的管理和流量的确定。栽培中要不断地监测贮液槽中溶液的浓度和 pH 值，一般用电导仪测定浓度(5～7 天测 1 次)，也可根据减水量乘以经验系数来确定加入肥料量，用酸或碱调整 pH 值(辣椒适宜的 pH 值为 5.8～6.2)，补充水分(每天补足减水量)，以维持一定的浓度。经调节的溶液又通过水泵送到栽培床的上端，重复循环。一般采用连续循环法，也可采用间歇循环法。流量与床长、宽、坡降、品种、生育期等有关。流量必须控制为浅液流。营养液循环系统的管理也可采用自动装置，甚至采用微电脑自动调节溶液的浓度和 pH 值及溶液循环系统。

所以，NFT 法无土栽培结构简单，生产者可根据自己的条件购置设备，自行制作、施工，设备费用低；由于营养液流极浅,根系吸收营养、水分,特别是氧气效果较好,不易发生根腐病;营养液量比传统水培法少,贮液槽可以小型化,便于节约成本和自动控制;收获后设备消毒简单便利。

(2)岩棉栽培技术(RF 法):岩棉的孔隙度为 96%的块状物,一般密度约为每平方米 80 千克,通气性好,不含有害物质、不变质,同时保水性好,扩散性好,吸水后不变形。岩棉有弱碱性,最好用弱酸调节至 pH 值为 6 再使用(辣椒适宜的 pH 值为 5.8~6.2)。不能用强酸调节,如果 pH 值下降到 5 以下,纤维易溶解。原来岩棉主要用于建筑业,作为一种新型的保温材料用于冷库建筑等隔热层衬垫,价格较贵,所以,无土栽培后经除盐可多次利用。

岩棉无土栽培以辣椒和番茄为多。栽培前将辣椒在一定大小的岩棉块(4 厘米×4 厘米×3.5 厘米或 10 厘米×10 厘米×7.5 厘米)或育苗钵中育苗,然后将苗连同岩棉块或育苗钵(无底)一起放置在岩棉毡(90 厘米×20 厘米×7.5 厘米)上,岩棉毡下栽培床上预先铺好银灰膜或里黑外白的塑料膜,然后以银灰膜或里黑外白的塑料膜将岩棉毡和育苗钵一起包住(图 14)。营养液通过滴灌系统滴入(滴灌系统可自动控制)。植株根系从岩棉块或无底的育苗钵

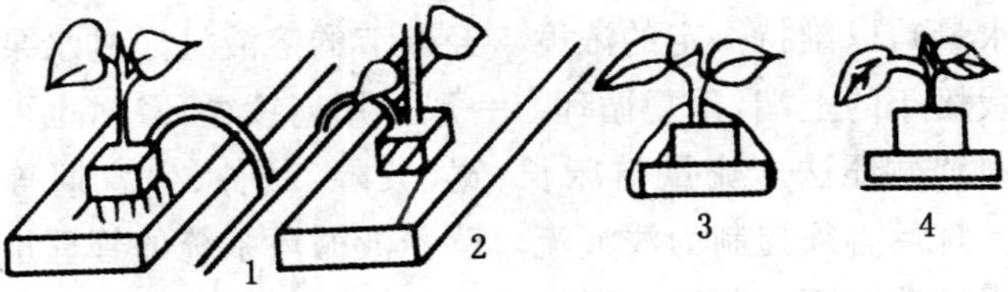

图 14　岩棉无土栽培示意图

1. 给水装置　2. 岩棉毡　3. 银灰膜将岩棉毡与育苗块一起包住　4. 仅包裹岩棉毡

中向下伸展布满岩棉毡，并从中吸收营养和水分。栽培中要特别注意依据岩棉的湿度状况调节给液量。一些发达国家研制的成套设备具备自动装置给液。

岩棉栽培设备投资比 NFT 法还少，也能与 NFT 一样节水栽培；设备简单，只需在地面铺上岩棉毡，配上输液管即可，安装拆卸方便；岩棉栽培时营养液可采用浇流式，不需循环（也可以采用循环），不需调整其浓度，也不易发生水传染病害；而且还可进行间作套种。所以，岩棉栽培是一种很有发展前途的无土栽培方式。

（3）槽（床）培：把基质装入一定容积的栽培槽内，定时定量浇灌营养液，种植作物的栽培槽规格可根据栽培的株行距及地块特点设置。辣椒栽培槽长度可根据温室的规格设定，槽宽一般 30～40 厘米（单行定植）、70 厘米（双行定植），高 20 厘米。槽框是用砖、水泥、木板等制成，槽内装填厚 20 厘米的基质，其上再覆一层蛭石，以减少水分蒸发和防止基质板结、长青苔或过热（图 15）。

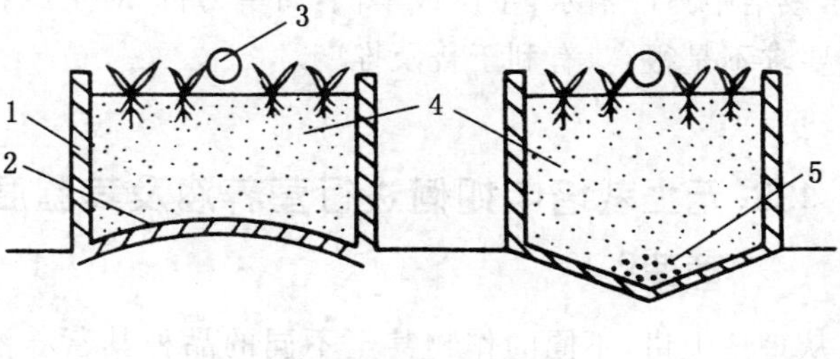

图 15　槽培示意图

1. 槽框　2. 塑料薄膜　3. 滴灌带　4. 基质　5. 粗石砾

营养液浇灌方式一般采用滴灌式，以滴灌带为宜，也可以是滴头。如果要回收营养液，可在栽培床的一头设一回液池,回收经排液管流出的营养液。如果不回收营养液可不设回液池。

(4)袋培:即利用塑料袋装上惰性基质,辣椒等作物栽在袋上,用营养液滴灌。惰性基质可采用珍珠岩、锯末、岩棉、聚丙烯泡沫、草炭等混合物。可根据各自的条件就地取材。塑料袋可直立或平放。直立放置时高和宽各为30厘米,栽1株辣椒;平放的一般长100厘米、宽30厘米、高20厘米,可以栽培3株辣椒。基质可采用草炭40%、蛭石30%和珍珠岩30%等混合物。

(5)鲁SC无土栽培法:由山东农业大学首创,栽培槽为"V"字形等边的金属槽,离基部5厘米做个铁丝网,上铺基质,用营养液循环灌溉。

(6)有机生态型无土栽培:一般用槽式栽培,即用3块砖平地叠起,高15厘米,内径宽40～70厘米,长根据温室等保护设施而定。底部要用塑料薄膜隔离,以防土壤病虫害与基质或根系接触。槽中全部使用有机肥,以固体肥料施入,栽培中只灌清水,生产成本低,简单易行,对生产者的素质要求不是很高,有利于普及推广。

138.无土栽培中如何进行营养液及其温度的管理?

从理论上讲,不同的作物甚至不同的品种其营养液配方均有所区别。目前不同作物和品种的配方已有300多种。而且不同的基质也对其有影响。但大多数营养液中所含的主要成分大同小异,即以大量元素为主,辅以必要的微量元素。配方也有适用于多种蔬菜作物栽培的通用配方和专门用于某一蔬菜作物甚至品种的专用配方。下面列出日本常用园试配方(表 3)可按作物、季节、生育期的不同加以调整。同时列出几个无土栽培通用营养液配方供参考(表 4)。营养液配制时一般先配制浓液(母液),一般浓度高出 100 倍,使用时再稀释 100 倍。由于钙离子易与其他离子形成沉淀,宜单独配制。配制营养液时水质不同也要相应地调整离子浓度。在水质不好的地区,最好是收集雨水来灌溉效果较好。

表 3　日本常用园试配方均衡营养液　克/吨

大量元素	硝酸钙	$Ca(NO_3)_2 \cdot 4H_2O$	950
	硝酸钾	KNO_3	810
	磷酸二氢铵	$NH_4H_2PO_4$	155
	硫酸镁	$MgSO_4 \cdot 7H_2O$	500
微量元素	螯合铁	NaFe-EDTA	15～25
	硫酸锰	$MnSO_4 \cdot 4H_2O$	2
	硼酸	H_3BO_3	3
	硫酸铜	$CuSO_4 \cdot 5H_2O$	0.05
	钼酸钠	$Na_2MoO_4 \cdot 2H_2O$	0.02
	硫酸锌	$ZnSO_4 \cdot 7H_2O$	0.22

表 4　无土栽培通用营养液配方　$\times 10^{-6}$

配方作者	N	P	K	Ca	Mg	S	Fe	Mn	Cu	Zn	B	Mo
霍格兰氏液(1950)	210	31	234	160	48	64	0.6	0.5	0.2	0.05	0.5	0.01
斯瓦兹(1978)	126	93	312	124	43	160	—	—	—	—	—	—
来斯(1981)	175	65	400	197	44	197	2	0.5	0.06	0.05	0.5	0.02
格拉维斯(1983)	175	50	400	225	50	—	3	1	0.01	0.01	0.5	0.05

栽培期间要注意营养液的电导度和 pH 值，一般用电导仪测定浓度(至少 5～7 天测 1 次)，并根据温度进行调整。作物对 pH 值的反应要比电导度敏感，所以，要经常测定酸碱度，用酸或碱调整 pH 值，辣椒适宜的 pH 值为 5.8～6.2。

营养液的温度影响作物对养分吸收和营养液中氧气的含量，液温过低时抑制根系对磷、硝态氮和钾的吸收，但对钙和镁的吸收影响不大；液温过高时，硝态氮吸收旺盛，而钙的吸收受抑，辣椒易发生脐腐病。所以，液温过高或过低均使作物的生长受到抑制，辣椒适宜的根际液温与土壤耕作条件下是相同的。为了提高液温，可在贮液池内部设加温管；基质栽培时可在栽培床下设上层建电热线。高温季节栽培时，为降低液温，可用地下水降温，或把贮液池修在地下，设在不受日光直射的地方；栽培床上铺设遮阳网等。

139. 无土栽培中使用的基质各有什么特点?

基质的作用主要是固定作物的根系，使作物不易倒伏，同时基质能保持一定的营养成分，并且在基质颗粒间或内部的孔隙中保持一定的空气和水分，维持作物根系生长对水、肥、气、热的需要。所以，对基质的化学特性和物理特性要有所了解。基质的化学特性主要包括基质的化学成分、分解程度、酸碱度(pH 值)、电导度、对酸碱的缓冲能力、盐基交换量等；而物理特性主要包括容重、总孔隙度、颗粒大小、空气和水的含量等。常见基质的物理性状、营养元素与 pH 值见表 5、表 6。

表 5　不同基质的物理性状与 pH 值

基质名称	容重(克/平方厘米)	总孔隙度(%)	大孔隙空气容重(%)	小孔隙毛管容积(%)	水气比/以大孔隙值为 1	pH 值
菜园土	1.10	66.0	21.0	45.0	1∶2.14	6.8
沙子	1.49	30.5	29.5	1.0	1∶0.03	6.5
煤渣	0.70	54.7	21.7	33.0	1∶1.51	6.8
蛭石	0.25	133.5	25.0	108.5	1∶4.35	6.5
珍珠岩	0.16	60.3	29.5	30.75	1∶1.04	6.3
岩棉	0.11	100.0	64.3	35.71	1∶0.55	6.3
草炭	0.042～0.265	97.1～79.9	72.6～4.5	—	—	6.9
棉籽饼(种过平菇)	0.24	74.9	73.3	26.69	1∶0.36	6.4
锯末	0.19	78.3	34.5	43.75	1∶1.26	6.2
炭化稻壳	0.15	82.5	57.5	250.0	1∶0.43	6.5
泡沫塑料	—	829.8	101.3	726.0	1∶7.13	—

表 6　基质的营养元素含量

基　质	元			素		
	全氮(%)	全磷(%)	速效磷($\times10^{-6}$)	速效钾($\times10^{-6}$)	代换钙($\times10^{-6}$)	代换镁($\times10^{-6}$)
菜园土	0.106	0.077	50.0	120.5	324.70	330.0
煤渣	0.183	0.033	23.0	203.9	9 247.5	200.0
蛭石	0.011	0.063	3.0	501.6	2 560.5	474.0
珍珠岩	0.005	0.082	2.5	162.2	694.5	65.0
岩棉	0.084	0.228	—	全钾(%) 1.338	—	—
棉籽壳	2.20	2.26	—	全钾(%) 0.17	—	—
炭化稻壳	0.54	0.049	66.0	6 625.5	884.5	175.0

沙子:一般采用3毫米以下的沙子作基质。沙子本身不能吸水,主要是靠沙不同颗粒间形成的孔隙蓄水和空气。沙的成分以不含石灰质为宜,最好是石英沙或花岗岩石碎屑。海沙含有盐分,使用前要用清水冲洗。以滴灌方式供应营养和水分。

石砾:用5～15毫米的天然小石块或碎石作基质。一般采用间歇给水法供应营养液。

碳化稻壳:稻壳经炭化而成,质地轻。保水性好。一般pH值较高,未经水洗的炭化砻糠pH值达9以上,所以,要经过水洗或用酸调节后使用。易溶离出K离子。碳化稻壳不能太细碎。一般采用滴灌法施入。

塑料泡沫:为化工产品,有橡胺脂、聚乙烯、多酚类、尿甲醛等加工成海绵状或粒状。栽培时装入一定的容器中,以滴灌法供应营养液。

岩棉:岩棉是一种吸水力强的矿物,是以60%的辉绿岩、20%的石灰石和20%的焦炭混合,在1 600℃的炉里熔化,然后喷成直径0.005毫米的纤维,加上黏合剂压成的板块。重量为70～100千克/立方米。新的岩棉由于含有氧化钙,在栽培的初期为微碱性反应(pH值为7～8),如果加入极少量的酸或用过一段时间后pH值会下降。岩棉可制成板块和颗粒。岩棉是经完全消毒的不含有机物的基质。

珍珠岩:由火山硅酸岩1 200℃下燃烧膨胀而成的一种疏松多孔的硅质矿物。性质稳定的惰性基质,不会吸附或溶出肥料成分,盐基置换量也低。重量轻,呈粉状,反复使用后会变细碎。过碎后易吸水,不利于透气。常与其他基质混用或袋装栽培。滴灌供应营养和水分。

蛭石:是由云母片燃烧850℃膨胀而成,是建筑上的保温材料。容重轻,中性,含有较多的置换性钙、镁、铁和钾。

常与其他基质混用，在一定容器中栽培。pH 值较高。以粒径 3 毫米为好，但经反复使用会变得更细碎。

草炭：又称泥炭等。我国草炭资源丰富，主要分布在吉林、黑龙江和内蒙古等地。纤维粗度有多种。不同来源的草炭，其物理性状有很大差别。pH 值偏低，4 左右，阳离子交换量很大，含有大量置换性镁，含氮 1%～2%。常与蛭石、珍珠岩等其他基质，在一定容器中混合使用。采用滴灌法供水肥。

锯末：根据木材的性质不同，锯末的特性有所区别。吸水性强。有的树木屑（如红木、松树等）对作物生长有害，应经水洗或发酵后再使用。可将锯末放入袋子等一定容器中栽培。锯末可以连续使用 2～6 茬，但每茬使用后应进行消毒。

炉渣：以大锅炉燃烧成蜂窝状结构的为好。常含少量的速效钾，呈微碱性反应（pH 7.7）。如果含石灰质较多，呈强碱性反应的，不宜使用。具有较强的保肥和缓冲能力。使用时要适当打碎、过筛，并经清水冲洗干净。

☞ 140. 无土栽培中如何进行根际氧气的调节？

无土栽培中如何在供应根系营养的同时，保证根系有足够的氧气供应，是保证作物正常生长的关键。特别是采用营养液栽培法，根系经常处于营养液的浸泡之中，提高根际的氧气供应是栽培成败的关键之一。

营养液无基质栽培时，增加根际氧气的方法有多种，如循环流动法、液面升降法、通气法、喷雾法、浮根法等。早期采用喷雾法较多，后来采用循环流动法，现在大多采用液面升降法和 NFT 的极少量液流循环法等。另外，水培中要控制好系统中的氧气消耗，如深水培中，栽培床不能过长，过长时后面的植株常供氧不足，所以，一般辣椒等果菜类栽培床长度要控制在15～20米之内；营养液中的微生物也会消耗氧气，栽培中要及时清理营养液中的各种杂物，保持清洁；要正确地维持营养液的温度，当营养液的温度提高时，营养液中的溶氧量会下降，同时根的呼吸消耗氧气增加，所以，要维持营养液和根际温度，采用隔热良好的栽培床和贮液池。

基质无土栽培时，常在基质的底部放置一定厚度的通气性较好的基质（如炉碴等），以保持基质下部良好的通气性，维持较好的根际氧气供应。

☞ 141.辣椒基质栽培的主要过程有哪些步骤？

辣椒的无土栽培方法较多，各地根据各自的条件参考进行。下面介绍基质栽培方法，以供参考。

（1）育苗：育苗技术与一般方法基本相同，但要特别注意种子消毒、育苗基质的选择和营养液的管理。种子消毒时可先用1%高锰酸钾溶液浸种10～20分钟，然后用清水冲洗干净，再浸种催芽；或先用清水浸泡2～3小时，再浸入100倍液的福尔马林水溶液中，浸泡30分钟，然后用清水清洗直到没有药味为止，再进行浸种催芽；最简便的消毒方法是温汤浸种，即用50～55℃热水浸种15分钟，然后再在常温下浸种7～12小时。

发芽的种子播种于直径10厘米的育苗钵内或岩棉块内。育苗钵内装入草炭、蛭石、珍珠岩等基质。播种后温度等管理与前述相同。由于是无土育苗，幼苗要浇营养液。营养液的浓度应为成株标准浓度的1/3～1/2。每天上午

10 点或下午 4 点浇营养液，每天供液 1 次。以苗小低浓度少液量、苗大时多液量为原则。

(2)基质栽培：当辣椒苗生长到 8～14 片真叶时定植。栽培床(槽)内填入草炭、蛭石等基质，安装好滴灌管。槽宽 40 厘米种植 1 行，槽宽 70～80 厘米种植 2 行，每行设一滴灌管。

定植初期植株幼小，每天灌 1 次水，每株 300～400 毫升。植株长大，天气转热后每天灌浇 2 次，每株总量 800～1 000 毫升。营养液的 pH 值控制在 5.8～6.2。输送营养液可用泵输送。也可采用重力法，只要把营养液罐架高 1 米以上，就能将营养液送到 50 米内的植株上。

☞ 142. 什么是有机生态型无土栽培?

无土栽培技术在我国从无到有，获得了一定的发展。无论是北方的基质栽培，还是东南沿海的 NFT 栽培和华南的深水培，都是用营养液来灌溉作物根系的。植物需要的 16 种营养元素，除了碳、氢、氧是从空气和水中获得外，其余的 13 种元素如大量元素氮、磷、钾、钙、镁、硫和微量元素铁、硼、锰、锌、铜、钼和氯，都是用化肥配制的营养液。营养液的配制和管理需要具有一定文化水平并受过专门训练的技术人员来操作，它难以被一般生产者掌握。同时，在我国一些配制营养液用的专用化肥，如硝酸钙、硝酸钾、硫酸镁以及微量元素肥料，不像普通化肥那样容易获得，而且成本较高。另外，营养液中硝态氮($N\text{-}NO_3^-$)含量占总氮量的 90%以上，容易导致蔬菜产品中硝酸盐含量过高，不符合绿色食品的生产标准。所有这些因素，都限制了无土栽培这一高新农业技术在我国的进一步普及和推广应用。因此，研究简单易行有效的基质栽培施肥技术，是加速无土栽培在我国推广应用的关键。“八五”期间中国农业科学院蔬菜花卉研究所研究开发出了一种以高温消毒鸡粪为主，适量添加无机肥料的配方施肥来代替用化肥配制营养液的有机生态型无土栽培技术。消毒鸡粪来源于大型养鸡场，经发酵、高温烘干后无菌、无臭味，其营养成分的含量如下：氮4.21%～5.22%，磷10.51%～2.30%，钾1.62%～1.94%，钙6.16%～7.68%，镁0.86%～1.34%，铁0.2%，此外，还含有硼、锰、铜、锌、钼等微量元素。由于消毒鸡粪中营养元素的含量较低而且很不平衡，为了获得理想的栽培效果，消毒鸡粪应与其他有机肥（如豆饼、向日葵秆粉等）或无机肥（如硫铵、磷二铵、三元复合肥和蛭石复合肥等）混合使用。

有机生态型无土栽培技术是指不用天然土壤而使用基质，不用传统的营养液灌溉植物根系而使用有机固态肥并直接用清水灌溉作物的一种无土栽培技术。所以，有机生态型无土栽培技术不仅具有一般无土栽培的特点，同时又具有它的特殊性。

143. 有机生态型无土栽培有何特点？

有机生态型无土栽培有如下特点：①用有机固态肥取代传统的营养液。传统无土栽培是以各种无机化肥配制成一定浓度的营养以供作物吸收利用。有机生态型无土栽培是以各种有机肥或无机肥的固态形式直接混施于基质中，作为供给栽培作物所需营养的基础，在作物的整个生长期中，可隔几天分若干次将固态肥直接追施于基质表面上，以保持养分的供应水平。②操作管理简单。传统无土栽培的营养液，它需要维持各种营养元素的一定浓度及各种元素间的平衡，尤其是要注意微量元素的有效性。有机生态型无土栽培因采用基质栽培及施用有机肥，不仅各种营养元素齐全，其中微量元素更是供应有余，所以，在管理上主要是考虑氮、磷、钾三要素的供应总量和平衡，大大简化了操作和管理过程。③大幅度降低无土栽培设施系统的一次性投资。有机生态型无土栽培不使用营养液，从而可全部取消配制营养液所需的设备、测试系统、定时器、循环泵等设施。④大量节省生产费用。有机生态型无土栽培主要施用消毒的有机肥，与使用营养液相比，其肥料成本降低60%～80%。从而大大节省了无土栽培的生产开支。⑤对环境无污染。在无土栽培的条件下，灌溉过程中20%左右的水或营养液排到系统外是正常现象，但排出液中盐浓度过高，则会污染环境。有机生态型无土栽培系统排出液中硝酸盐的含量只有1～4毫克/升，对环境无污染，而岩棉栽培系统排出液中硝酸盐的含量高达212毫克/升，对地下水有严重污染。由此可见，应用有机生态型无土栽培方法生产蔬菜，不但产品洁净卫生，而且对环境也无污染。⑥产品质优易达“绿色食品”标准。从栽培基质到所施用的肥料，均以有机物质为主，所用有机肥经过一定加工处理（如利用高温和嫌氧发酵等）后，在其分解释放养分过程中，不会出现过多的有害无机盐，使用的少量无机化肥，不包括硝态氮肥，在栽培过程中也没有其他有害化学物质的污染，从而可使产品达到A级甚至AA级“绿色食品”标准。

有机生态型无土栽培具有投资少、成本低、用工少、易操作和高产优质的显著特点。它把有机农业导入无土栽培，是有机农业与无机农业相结合的高效益、低成本简易无土栽培技术，较适合我国目前的国情。

144.如何采用有机生态型无土栽培辣椒?

(1)配制适合有机生态农业要求的栽培基质:有机生态基质的原料资源丰富易得,处理加工简便,有机物基质可就地取材,如玉米、向日葵秸秆,农产品加工后的废弃物如椰壳、蔗渣、酒糟,木材加工的副产品如锯末、树皮、刨花等,都可按一定配比混合后使用。为了调整基质的物理性能,可加入一定量的无机物质,如蛭石、珍珠岩、炉渣、沙等,加入量依调整需要而定。有机物与无机物之比按体积计可自2∶8至8∶2,混配后的基质容重在每立方厘米0.30～0.65克之间,每立方米基质可供净栽培面积6～9平方米用(即栽培基质的厚度为11～16厘米)。常用的混合基质有:4份草炭比6份炉渣;5份沙比5份椰子壳;5份葵花秆比2份炉渣比3份锯末;7份草炭比3份珍珠岩等。基质的养分水平因所用有机物质原料不同,可有较大差异,以氮、磷、钾三要素为主要指标,每立方米基质内含有全氮(N)0.6～1.8千克、全磷(P_2O_5)0.4～0.6千克、全钾(K_2O)0.8～1.6千克。有机生态型栽培基质的更新年限因栽培作物不同而有所区别,一般为3～5年。含有葵花秆、锯末、玉米秆的混合基质,由于在作物栽培过程中基质本身的分解速度较快,所以,每种植一茬作物,均应补充一些新的混合基质,以弥补基质的不足。

(2)建造有机生态无土栽培设施系统:①栽培槽的建设:有机生态型无土栽培系统采用的基质栽培槽可用木板、木条、竹竿、砖等材料建槽框,只要能保持基质不散落即可。槽框建成后,在槽底部铺一层0.1毫米厚的聚乙烯塑料薄膜,以防止土壤病虫传染。槽边框高15～20厘米,槽宽依不同栽培作物而定。如黄瓜、甜瓜等茎蔓生作物或植株高大需有支架的番茄等作物,其栽培槽标准宽度定为48厘米,可供栽培两行作物,栽培槽距0.8～1.0米。如生菜、油菜、草莓等植株较为矮小的作物,栽培槽宽度可定为72厘米或96厘米,栽培槽距0.6～0.8米,槽长应依保护地棚室建筑状况而定,一般为5～30米。②供水系统的建设:在有自来水基础设施或水位差1米以上储水池的条件下,按单个棚室建成独立的供水系统。除管道用金属管外,其他器材均可用塑料制品以节省资金。栽培槽宽48厘米,可铺设滴灌带1～2根,栽培槽宽72～96厘米,可铺设滴灌带2～4根(图16)。

(3)制定有机生态型无土栽培的操作管理规程:①栽培管理规程:主要根据市场需要、价格状况,确定适合种植的季节茬口、品种搭配、上市时期。进一步确定适宜的播种育苗期、种植密度、株型控制等技术操作规程表。②营养管理规程:肥料供应量以氮、磷、钾三要素为主要指标,每立方米基质所施用的肥料内应含有:全氮(N)1.5～2.0千克,全磷(P_2O_5)0.5～0.8千克,全钾(K_2O)0.8～2.4千克。这一供肥水平,足够一茬辣椒亩产5 000～8 000千克的养分需要量。在向栽培槽内填入基质之前或前茬作物收获后、后茬作物定植前,先在基质中混入一定量的肥料(如每立方米基质混入10千克消毒鸡粪、1千克磷二铵、1.5千克硫铵和1.5千克硫酸钾)作基肥。为了在作物整个生育期内均处于最佳供肥状态,通常要根据辣椒不同生长期分期追肥。辣椒在定植后20天内不必追肥,只需浇清水,20天后每隔10～15天追肥1次,均匀地撒在离根5厘米以外的周围。以生长期10个月左右的冬茬辣椒追肥为例,按亩产5 000千克以上计算追肥量。追肥按15天1次,每次每株

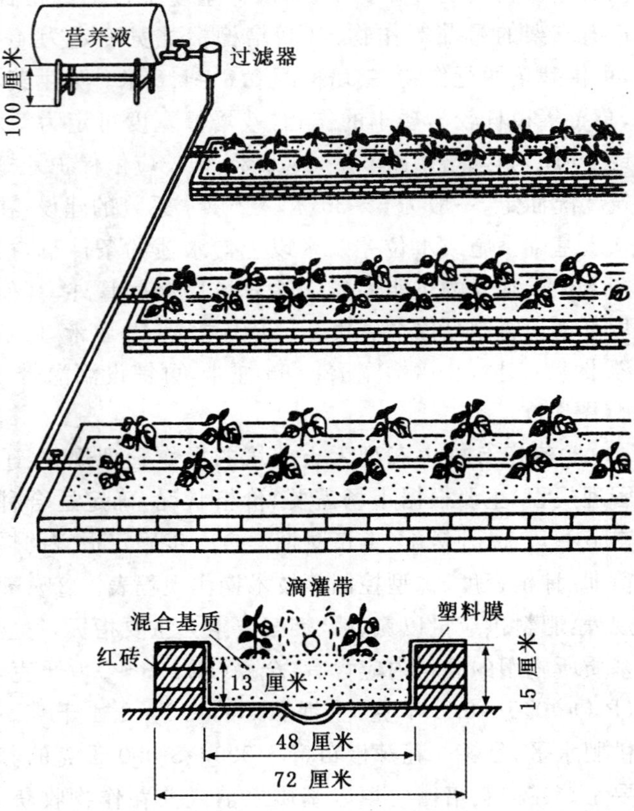

图 16　有机生态型无土栽培设施构造示意图

20 克左右的膨化鸡粪计算。共追肥 11 次左右。各时期的施肥量:ⓐ结果前期追肥量:追肥共 2 次,肥料配比为每 50 千克鸡粪加入硫铵 3 千克,磷酸二氢钾 1 千克,硝酸钾 2.5 千克,硝酸钙 1 千克。2 次合计为膨化鸡粪 120 千克,硫铵 7.2 千克,磷酸二氢钾 2.4 千克,硝酸钾 6 千克,硝酸钙 2.4 千克。ⓑ盛果期追肥量:追肥共 6 次,肥料配比为每 50 千克鸡粪加入硫铵 6 千克,磷二铵 3 千克,硫酸钾 8 千克,硝酸钙 1.5 千克。6 次合计为膨化鸡粪 360 千克,硫铵 43.2 千克,磷二铵 21.6 千克,硫酸钾 57.6 千克,硝酸钙 10.8 千克。ⓒ结果后期追肥量:追肥共 3 次,肥料配比为每 50 千克鸡粪加入尿素 4 千克,磷酸二氢钾 2 千克,硫酸钾 4 千克,硝酸钙 1 千克。3 次追肥量合计为膨化鸡粪 180 千克,尿素 14.4 千克,磷酸二氢钾 7.2 千克,硫酸钾 14.4 千克,硝酸钙 3.6 千克。辣椒每亩总追肥量为:膨化鸡粪 660 千克,硫铵 50.4 千克,硝酸钾 6 千克,磷二铵 21.6 千克,硫酸钾 62 千克,硝酸钙 16.8 千克,尿素 14.4 千克,磷酸二氢钾 9.6 千克。同时生长期间还可进行叶面追肥,补充 N、P、K、Ca、Mg、B 等元素。另外,每次每株施肥量可根据植株生长状态及温室环境条件进行调节,当生长环境温度较低时追肥间隔时间可延长,而施肥量增加。

③水分管理规程:要依据生长期中基质含水状况调整每次灌溉量。定植的前一天,灌水量以达到基质饱和含水量为度,即应把基质浇透。辣椒定植以后,每天灌溉次数不定,每天 1～3 次,保持基质含水量达 60%～85%(按占干基质计)即可。一般在盛果期,每天每株浇 0.7～0.9 升。灌溉的水量必须根据气候变化和植株大小进行调整,阴雨天停止灌溉,冬季隔 1 天灌溉 1 次。

十二、红干制辣椒栽培技术

☞ 145.我国干制辣椒生产区分布有什么特点？干椒生产的前景如何？

干椒栽培以采收生理成熟果实即红椒加工成干制品为目的。干椒在我国主要作为调味品或做加工调味品的原料，也可作为提取色素和辣椒素等的原料。同时也是外贸出口的重要农产品之一。干椒生产在我国的某些地区有很长的栽培历史，是部分地区重要的产业，如河北的望都县，四川省的成都市、三台县、西充县，湖南省的醴陵县、邵阳县，江苏省的海门县、启东县，陕西省耀县，山西的代县，河南省的永城县等都是重要的干椒生产区。目前在我国形成了多个以鲜或干红辣椒为主的生产基地，同时在这些地区形成了较大规模的配套红椒批发市场，如河北定州市帅村辣椒批发市场、王堡辣椒市场、内蒙古通辽开鲁县红干椒基地、云南丘北县辣椒市场、河南漯河市临颍县王岗镇梁岗第一辣椒交易市场、柘城县辣椒市场、河南省淅川县香花辣椒城、山西太谷南席辣椒交易市场、冀州辣椒市场、山西省临猗县田村辣椒批发市场、内蒙古道德红干椒市场、赵雄辣椒大市场、山东省曹戈庄辣椒市场、中国武城辣椒市场、遵义虾子辣椒市场、河南中原辣椒交易中心等。

146. 红干椒栽培中如何选择优良品种?

适于干椒生产的品种,一般果实粗度小于2厘米,果实长度根据需求而定,果生理成熟后深红色,果面光滑或有皱褶,株型紧凑,结果多且集中。红果在植株上挂的时间长,果实红熟快而集中整齐,果肉含水量低,出干椒率高,辣椒红色素和辣椒素含量较高,不易产生退色斑,抗病性强。目前生产中栽培面积较大的品种如益都红、金塔、天鹰椒、望都辣椒(适于河北望都等地区)、丘北辣椒(主要在云南丘北县)、8819、二金条、农大99-21、农大朝天王等品种。

147. 红干椒生产的茬口和时间安排原则是什么?

在粮作区,红干椒生产应选择玉米、小麦、大豆、高粱等用前茬,不可与谷子、甘薯、花生相接茬;在瓜菜区,宜选择葱蒜类、豆类作物为前茬,或与西瓜、甜瓜等间作套种,不与茄子、番茄、马铃薯等连茬。辣椒忌连作,种植间隔应在3年以上。

种植的时间上尽量安排在干椒成熟时是光照充足,较干燥的秋天,这样有利于红椒晒干和提高红干椒的质量。如二年三作区一般将红干椒在夏秋茬栽培。一年一作区因气候比较干燥,有利于红干椒干燥和质量的提高,栽培面积也较大。

148. 红干椒栽培中为什么要采取育苗栽培?

很多地区传统的栽培干椒是以直播为主,直播栽培不仅用种量大，成本增加，同时不利于早熟丰产，产量不稳定，严重影响产量和质量。而且对田间管理带来许多困难，常造成缺苗和苗不齐。直播栽培还易受不良气候、整地质量、播种质量、灌溉、害虫等影响。育苗移栽可克服上述缺点，降低成本，有利于早熟和高产稳产。育苗移栽是必然的趋势，原来栽培干椒的地区大多以采用自采的常规品种为主，但传统品种的抗病性，品种退化又严重。随着生产的发展，必将逐渐采用抗病性强的杂交品种，杂交种种子价高，育苗移栽可显著降低用种量，降低生产成本。

育苗技术基本与前述的相同。为了降低成本，苗龄可适当缩短为 60 天左右，可防止伤根过重而引起早衰。在生长期较长的地区，为了进一步降低成本，可采取不分苗的方法，但育苗床播种密度要稀，以免因苗床密度过大幼苗徒长，育苗中还要进行 1～2 次的间苗，定植起苗时尽可能地多带土。

☞ 149. 红干椒栽培如何合理密植，防止倒伏?

为了在一定的生长期内，增加单位面积的产量（红果数），要加大栽植的密度，进行密植栽培，特别是株型较紧凑的品种，密植是增产的重要途径之一。一般行株距 40 厘米×(20～30)厘米，每穴 2～3 株。丛栽密植不仅能防止倒伏，且有利于越夏和集中采收。

☞ 150. 红干椒栽培中如何进行肥水管理，增加产量?

干椒栽培一般比露地早熟丰产栽培的定植期要晚，定植时地温较高，在定植时应灌透定植水，过几天再灌 1 次缓苗水，然后中耕蹲苗，开花坐果后追肥浇水。如果基肥不足或土壤肥力差的要适当增加施肥量。干椒栽培必须采收充分红熟的果实，才能保证干椒的质量，所以，除保证氮肥供应外，还要注意重视施入磷、钾肥。果实开始红熟后应控制灌水和追肥，促进果实红熟，防止后期肥水过多，植株贪青徒猛长，影响红熟，降低红果产量和质量。

☞ 151. 如何正确适时采收红椒并晾晒干椒？

制干椒的必须在果实全部红熟而尚未干缩变软时采收，果实若没有充分红熟就采收，晾干后果皮会发黄、发青，影响干椒质量。传统的干椒栽培中，一般均是待果实充分红熟后进行一次性采收。为了提高红辣椒的产量和质量，降低青果率，减少因采收不及时造成的损失，应进行分次采收，充分成熟一批采收一批，并及时晾晒，防止霉变。晾晒时选晴天进行，要放在草帘上晾晒，不能直接放在水泥地上暴晒。晒 4～6 天后含水量下降到 14%以下时即可。

最后一次采收干椒时可整株拔下，除去青椒（可进行淹制），将植株晒干，使枝叶脱落，连株捆好堆藏。如果早霜来临前有少量果实未红熟，还可以用 40%乙烯利 700～800 倍液喷全株进行催红，一般在初霜或拔秧前 10～15 天进行。

干椒栽培一般亩产干椒 200 千克，高产者可达 250～300 千克。一般品种 1.5～2 千克鲜椒可制得 0.5 千克干椒。

十三、高山辣椒栽培技术

152.什么是高山蔬菜?

在高山(海拔 800 米以上)地区,利用高海拔区域夏季自然冷凉气候条件生产的蔬菜统称为高山蔬菜。高山蔬菜也称高原蔬菜,统称高海拔蔬菜。由于海拔每上升 100 米气温就下降 0.6℃,所以,高山上海拔越高温度越低,在海拔 800m 以上就可以找到夏季气温符合辣椒生产要求的适宜地区。高山辣椒生产最适宜的海拔高度是 1 200～1 400 米。800～1 000 米种植辣椒易受高温干旱和病虫害困扰,1 500～1 600 米采收期相对较短,产量较低,生产的效益下降。

153.为什么要发展高山辣椒?

辣椒属喜温蔬菜,不耐热,生长适 7 宜温度白天 25～28℃,夜间 15～20℃。35℃以上高温会引起花器发育不全或柱头干枯,不能受精而落花,即便受精,果实也不发育而干萎落果。我国大多数平原地区 7～8 月份是高温,经常出现气温高于 35℃的天气。所以,大多数平原地区 7～8 月份不适宜辣椒生长与开花结果,从而造成 8～9 月份全国的辣椒供应淡季。但在高山地区(高海拔)的 7～8 月份气候凉爽,可以根据选择海拔高度,选择夏季的平均气温在22～25℃的高山地区进行反季节栽培辣椒,同时这些高山地区有得天独厚的无污染生态环境，十分有利于发展无公害高山辣椒生产。近些年来，我国许多省市都有较大面积的高山辣椒栽培，高山辣椒产业链还吸纳和转移了大量的农村剩余劳动力从事辣椒加工业、劳务及服务业，发展了地方经济，在许多地方高山辣椒已经成为品牌产业，成为企业家投资的热点，已逐步发展为带动山区农民增收的支柱产业之一。

154. 高山辣椒栽培宜选什么样的品种?

高山辣椒生产主要有红椒和青椒两种类型。如果是生产青椒的，应选择市场适销的耐贮运性好的品种，同时要求抗病性好适应性强。采红椒的一般是用于加工，要根据加工的特点和加工企业的要求选择品种。

155. 如何正确选择高山辣椒栽培的地块?

适宜地块是无公害高山辣椒优质高产栽培的基本条件。要根据辣椒对适宜生长环境条件的要求，选择栽培地块。除了海拔高度在 800～1 400 米以外，还要注意地形，一般选择坐西朝东、坐北朝南、坐南朝北的地形方向为佳。地块的土层深厚、土壤肥沃、排水良好、2～3 年内未种过茄科作物的旱地或水田的沙质土壤或壤土，不宜选择冷水田或低湿地栽培。另外，交通要较方便，以便于运输辣椒产品，或周围有辣椒加工厂。

156. 如何正确确定播种期?

高山辣椒适宜播种期应根据辣椒生物学特性和以下因

子综合分析确定:①高山辣椒采收上市期主要在7～9月份。②高山地区9月中旬后气温下降快,会出现15℃以下低温,影响辣椒开花结果与果实发育。③根据辣椒开花结果与采收青熟果同时的特性,延长生育天数有利于提高产量。④当地所处的海拔高度与地形等。大多数高山辣椒栽培适宜播种期在3月下旬至4月下旬。在此播种期内,海拔高的地区要早播,海拔低的地区可适当晚播。即适宜播种期:海拔800～1 000米在3月下旬至4月初,海拔400～500米在4月中旬左右。

157.高山辣椒如何培育壮苗?

壮苗是获得高山辣椒优质高产高效的基础。壮苗标准:适期苗龄50～60天,生长势强、根粗壮、须根多、根茎处粗0.5厘米、株高10～15厘米、叶10～12片,无病虫害。高山辣椒育苗应采用塑料小拱棚冷床育苗方式,也可采用电加热温床育苗。应推广应用营养土块、塑料营养钵及穴盘育苗的方法,确保苗齐、全、壮。

(1)培养土配制:选用稻田土或2～3年内未种过茄科作物的园土7(6)份、腐熟有机肥2(3)份、谷壳灰或腐熟食用菌培养料废渣1份,加三元复合肥0.2%、钙镁磷肥(或过磷酸钙)0.2%、充分拌匀,堆制1个月以上,过筛而成。

(2)育苗床制作:苗床地要选择避风向阳、地势高燥、排水良好,在2～3年内未种过茄科作物地块,把苗床制成深沟高畦,沟深20～30厘米,畦宽连沟1.4～1.5米。每亩大田辣椒栽培需准备播种床面积6～8平方米,准备分苗床面积35～38平方米。

(3)种子消毒处理:每亩大田辣椒需种子量25～40克。

播种前，在太阳光下晒种1～2天，可杀死种子表面病菌和提高种子发芽势。种子消毒方法：①温汤浸种法：把种子放入55℃热水中，不断搅拌，保持恒温15分钟，然后，让水温降到30℃再浸种。②药液浸种法：按防治病害的对象，选择对口农药，例如防治病毒病可选用10%磷酸三钠液浸种20分钟；防治炭疽病、疫病，可选用1%硫酸铜溶液浸种5分钟等。进行药液浸种处理后，洗净种子至无药味，再进行浸种。

(4)播种：播种前，在制作好播种床内铺培养土4～5厘米或把培养土装入育苗盘中，浇足底水。每平方米苗床播辣椒种6～8克。为了撒播均匀，在种子中掺些细沙或细土，进行撒播，覆盖细土1厘米左右，随即覆盖地膜或稻草，搭建塑料小拱棚覆盖，夜间在小拱棚上加盖草帘。苗床内温度白天控制在25～30℃，夜间20℃左右，一般5～6天即可出苗。在苗出土后要及时揭去地膜或稻草，让苗见光、防止徒长。

(5)分苗：把配制好的培养土装入塑料营养钵或在苗床内铺培养土厚8～10厘米。当辣椒幼苗长到2叶1心时，选择晴天，起苗带土，移栽于营养钵或苗床中，苗间距离10厘米，随即浇点根水，搭建塑料小拱棚覆盖。

(6)苗期管理：辣椒幼苗出土后，要视天气情况，在塑料小拱棚畦两头或畦中间卷膜通风与降温，白天温度控制在20～25℃，夜间15～20℃。在分苗前2～3天要增强通风时间降温炼苗。在分苗后要闷棚5～6天，提高温度，促进早缓苗。在缓苗后，白天要增强通风，降低苗床内温度与湿度，防止高温伤苗，在下雨天，要进行小拱棚薄膜覆盖，防止雨淋与寒害。在定植前一周开始，要逐渐降温炼苗，并在定植前2～3天，晚上可不进行塑料小拱棚覆盖。肥水管理要注意不宜勤浇水，防止苗床内土壤水分过多，引发病害，当营养钵或苗床表土见白时，才可浇水。当秧苗缺肥时，可结合浇水，追施复合肥料或腐熟的稀人粪尿或喷施叶面肥等。

158. 高山辣椒定植前如何整地？

要早翻和深翻土地，冬闲地块需在冬天或封冻前耕翻土地，经冷冻暴晒，改善土壤理化性状，提高土壤肥力。因辣椒生长期长，根系发达，需肥量大，要求施足基肥。每亩施农家有机肥 2 500～3 000 千克，每亩施复合肥料和钙镁磷肥(或过磷酸钙)各 30～40 千克，每亩施石灰 70～100 千克。有机肥料需在畦中间开沟深施，化肥可撒施于畦面，再与土拌匀。南方高山地区土壤一般偏酸性，pH 值 5.0～5.5，而辣椒生长发育适宜土壤 pH 值为 6.7～7.2。所以，南方地区在高山辣椒栽培地块施石灰可中和土壤酸性，提高土壤 pH 值，可减轻辣椒青枯病等土壤传染病为害的发生；可提高土壤肥效，补充土壤中钙的含量等效果，利于促进辣椒生长发育，提高产量与品质。

栽培高山辣椒的株距一般在 35 厘米，行距 50～60 厘米，按大小行定植，大多数地区采用高畦栽培，南方高山地区畦较高(20 厘米以上)，而北方高山地区畦较低(15 厘米左右)。

159. 高山辣椒如何及时定植？

大多数地区的高山辣椒适宜定植时间在 5 月下旬至 6 月上中旬。定植宜选择晴天进行，选择健壮苗，带土带药定植。即在定植前，在苗床内进行一次病虫害药剂防治，浇湿苗床，便利起苗带土，减少根系损伤，剔除弱苗病苗。做到合理密植，每畦栽2行，株距30～35厘米，亩栽3 500株左右。秧苗栽植深度以子叶痕刚露出土面为宜，在栽后随即浇腐熟10%粪水或0.1%～0.2%尿素水，使幼苗根系和土壤密接，促进早缓苗。在南方地区为了预防青枯病等细菌性病害发生为害，在浇点根肥水时，加入农用链霉素或新植霉素3 000倍液或77%可杀得可湿性粉剂500倍液一起浇入。

160. 高山辣椒定植要抓好哪些技术环节？

(1)中耕除草与培土：在高山辣椒定植后10～15天，选择晴天进行第一次较深中耕除草，但注意不要伤根系。在植株生长封垄前，进行第二次浅中耕除草，为避免伤根系，植株附近的杂草用手拔除，并清理沟中土，向植株茎部附近培土。

(2)畦面铺草：在南方高山地区栽培辣椒还要进行畦面铺草，在高温干旱来临前，或在第二次浅中耕培土后，畦面铺青草、稻草、麦秆等。铺草覆盖畦面，具有降低地温，防雨淋冲刷土壤，保持土壤疏松，保肥、保湿，促进根系生长，压住杂草生长等作用。

(3)整枝与搭架：因辣椒第一花节(门椒)以下各叶节均能发生侧枝，但大量侧枝同时生长和开花结果，植株营养分散，通风透光差，引起落花落果多，果实发育差。因此，高山辣椒栽培要进行整枝。把辣椒第一花节(门椒)以下的各叶节侧枝，选择晴天，及时剪除，减少养分损耗，使植株养分集中供应主茎生长，逐级发生侧花枝，提高结果率，促进果实发育，达到果实个大，商品性好，产量高。

(4)及时搭架：为了防止高山辣椒植株倒伏，影响产量。除做好培土外，还要进行立支柱或搭简易支架。即用长

50 厘米左右的小竹竿或竹片或小木棍，在离植株约 10 厘米处插 1 根，或在畦面的两侧用小竹竿或小木棍搭简易棚型支架，高 40～50 厘米，然后用塑料绳，以“∞”形把植株主杆绑在立柱或支架上。

(5)肥水管理：在前期轻施，结果期重施，少量多次的原则。在定植后至第一个果膨大时，结合中耕施追肥 2～3 次，可每次每亩施 20%～30%人粪尿 800～1 000 千克，或每次每亩施三元复合肥料 10～12 千克。结果期，每隔 10～15天施追肥 1 次，可每次每亩施三元复合肥料 10～15 千克，或每次每亩施尿素 8～10 千克等。根外追肥，可结合病虫害防治加 0.2%磷酸二氢钾或叶面肥一起喷雾。干旱时，要及时浇水，若采用沟灌水时，要浅灌，即“跑马水”。雨后及时排水。

另外，根据生长地气候和生产力水平，还可以在高山辣椒栽培时结合不同的设施，如在定植时结合小拱棚提前定植或生长后期延迟生长等。在海拔较高的温度较低的高山(高海拔)地区还可结合大棚甚至温室进行生产。

161. 高山辣椒易发生哪些病虫害？

高山辣椒主要病害有猝倒病、立枯病、病毒病、疫病、炭疽病、青枯病(南方)、脐腐病等，主要虫害有小地老虎、蚜虫、棉铃虫、红蜘蛛等。病虫害防治要做好预测预报，做到早防，采用农业防治措施和药剂防治措施相结合。选用抗病品种，选择适宜种植地块的海拔高度与地形，轮作，深沟高畦，施石灰，增施磷、钾肥，铺草，及时排水等农业措施。药剂防治，要严格遵照国家、省关于无公害蔬菜生产标准要求，选准对口的低毒、低残量农药，在产品安全间隔期内喷药防治，各种农药交替使用。病虫害具体防治方法参考本书后面的内容。

☞ 162. 高山辣椒如何及时采收？

高山辣椒果实要根据市场或加工企业采收标准，做到及时采收。7～8月份高山地区温度适宜辣椒果实发育，果实膨大快。对采青椒供应市场的辣椒每次采收间隔1～2天为好，利于提高鲜果品质，提高结果率和产量。第一果（门椒）要适当提早采摘，可促进植株营养生长与开花结果。每天采摘时间，在上午露水干后或傍晚时进行较好。采后的果实要放到阴凉处，防止太阳晒，要及时分级包装，可用纸板箱、竹筐等包装，贮运过程要防止果实损伤。及时运往市场销售。

采红椒的也要等果实充分红熟后分次采收。

☞ 163. 高山辣椒采后如何处理？

高山辣椒分青椒和红椒采收。销售地点近的辣椒采收后精选入纸箱，不需要预冷直接运输销售；销往远距离城市的辣椒采收后精选入纸箱需要在8～10℃、相对湿度85%～90%的冷库中预冷8～12小时后“保温”运输。如果用保温车运输最有利于保持辣椒的商品性。没有保温车的可以用普通卡车＋棉被或卡车＋棉被＋冰块进行运输，但货架期仅48小时左右，损失在10%以上。缺乏冷链环节，贮运能力差，是目前高山辣椒产业发展中的“瓶颈”。

加工的辣椒应及时按加工厂要求精选整理后送往加工厂加工或贮藏。

十四、辣椒的嫁接栽培技术

☞ 164.辣椒生产中为什么要进行嫁接？

我国的日光温室辣椒栽培面积逐年扩大，专业化的辣椒生产专业乡越来越多，重茬连作也越来越普遍，连作重茬使得辣椒生产中土传病害尤其是疫病、根腐病逐年加重，一旦流行，用药物治疗效果甚微，会造成大面积死秧，对辣椒生产构成了严重威胁，产量及经济效益下降；嫁接技术作为克服日光温室辣椒连作障碍的一项有效措施，已在山东、甘肃等地日光温室内进行成功的示范推广，对减少辣椒重茬栽培中的死秧（疫病和根腐病）效果明显。

☞ 165.嫁接栽培中如何选择辣椒的砧木和接穗？

（1）砧木选择：目前市场上销售的主要是从日本及南美洲引进的野生辣椒品种，高抗土传病害，耐高温高湿。

（2）接穗选择：根据当地市场需求选用优质、高产、抗病、抗逆性强、适应性广、商品性好的彩椒或长牛角形辣椒品种。

☞ 166.如何进行嫁接育苗？

（1）播种期：日光温室辣椒越冬茬栽培一般在 7 月上中旬至 9 月上旬开始播种育苗，适宜温度为气温 25～

30℃,地温 15～20℃,砧木播种期应比接穗早 5～7 天,砧木一般用营养钵育苗。

(2)嫁接方法:辣椒嫁接一般采用劈接法。当砧木苗长到 5～7 片真叶时,即开始嫁接。嫁接时将砧木苗上端的 2～3 片叶切掉,保留 2～3 片真叶,用嫁接刀在断茎顶端自上而下垂直一刀,刀口长 0 .8～1 厘米;接穗选择长 5～7 厘米,生长健壮、节间长短适中、不徒长、组织充实的辣椒苗,剪掉上面的大叶和花蕾,保留 2～3 片真叶,在半木质化处除掉下端,将切口处削成楔形,楔形面长与砧木的切口大小相等,然后将接穗插入砧木的切口,使砧木与接穗切口两端对齐紧密结合,用圆形嫁接夹固定。

(3)嫁接后管理:嫁接后将苗床浇足水,搭小拱棚呈密闭状态,7 天内不通风,保持 95%以上的湿度,温度白天 20～26℃,夜间 16～20℃ ,防止高温。在小拱棚的薄膜外层覆盖 4～6 层遮阳网或其他遮阳物,嫁接后的 4～5 天,全部遮光,以后半遮光,随着伤口的愈合逐渐将遮阳网一层一层去掉,并且逐渐通风,由小到大。通风期间仍要保持畦间较高的湿度,地面要经常浇水,完全成活后转入正常管理,及时打掉砧木萌发的侧芽,并且去掉嫁接夹。嫁接后第 15～20 天即可定植。

167.怎样正确整地和定植嫁接苗?

定植前及时清除前茬作物的残株烂叶、病虫残体;在播种或定植前,对土壤深翻后扣棚,利用太阳能对土壤进行高温闷棚消毒。药剂消毒每亩用硫磺粉 2～3 千克、敌敌畏 0.25 千克拌上锯末分堆点燃,然后密闭熏蒸一昼夜,放风,无味时使用。使用的农具全放进温室,共同消毒。温室大棚通风口及前屋面距地面1米范围用防虫网密封,防止害虫迁入。定植前整地施基肥,每亩施优质腐熟农家肥3 000～5 000千克、复合肥20千克、酵素菌生物菌肥100千克、硫酸钾15～20千克,深翻细耙,使肥料和土壤充分混合。按平均行距60～65厘米起垄,垄高20～25厘米,垄中间开深10厘米小沟,然后灌水,覆膜。实际定植时按大小行进行。选择晴天下午进行定植,有遮阳条件的可全天进行,按株距45～50厘米开穴,并灌满配置好的消毒水,将苗坨放入定植穴,每穴2株,穴内再浇水,第2天封穴,每亩定植4 500～5 500株。

168. 嫁接苗定植后如何管理?

(1)温度管理:缓苗期白天温度24～27℃,夜间12～17℃;壮秧期白天温度为20～25℃,前半夜14～17℃,后半夜13～14℃;开花结果初期白天24～28℃,夜间13～18℃;结果期白天25～28℃,夜间12～18℃;深冬季节实行三段变温管理:上午25～28℃,下午25～20℃,夜间12～18℃;当棚温升到30℃时,开始放顶风,下午室温降至20℃时关闭通风,夜温低于10℃时,应多层覆盖保温;翌年春夏季节辣椒第2次结果盛期,白天25～28℃,夜间13～20℃,当室内夜温在15℃以上时,揭去草帘。

(2)水肥管理:定植后3～4天开大沟灌缓苗水,之后不再灌水,进行蹲苗。开花前1周,喷叶面肥2～3次。门椒坐住后开始浇水,结合浇水每亩追施尿素和磷酸二铵的配方肥25～30千克,配方比1∶1.5。以后视土壤墒情进行浇水,原则是见干见湿,小水勤浇。浇2次水,追1次肥,结合浇水每亩追施三元复合肥30千克,钾肥25千克。进入

12月份，每天在揭帘前30分钟开始施用CO_2，使温室内CO_2浓度达到800～1 000毫升/米^3，增产效果显著。

(3)光照管理：定植后3～4天，适当遮阴，苗不萎蔫不遮阴。以后各阶段要经常清洁棚膜，保证透光良好，在温度允许的情况下草帘尽量早揭晚盖，在阴天和雨雪天也要揭帘3～5小时，同时要及时整枝打杈，摘除老病叶，保证株间透光良好。棚膜应做到每年换新膜。

☞ 169. 辣椒嫁接栽培中如何进行植株调整?

门椒开花前，在定植穴上方拉两道南北向的铁丝。铁丝高度一般为1.8～2米，然后用尼龙绳分别固定了铁丝和辣椒苗基部进行牵引，牵引的角度要视植株长势而定，植株旺时，可放松些，把主枝生长点向外侧稍微弯曲，因结果而造成生长势弱的枝条，可用绳缠绕提起，以助长势。在门椒以下各叶间发生的腋芽，及时抹去，如果腋芽萌发枝条，可将其摘心处理。一些老叶、病叶要及时摘除。辣椒忌枝条重叠，前期剪除拥挤枝条，以防直立生长，早春发出的大量枝条，造成内部拥挤，要疏剪弱枝、徒长枝，改善通风透光条件。

☞ 170. 嫁接辣椒栽培中采收原则是什么?

门椒要适当早收，以防坠秧，果实要长到最大限度，果肉增厚变硬，果色变深时采收。辣椒枝条很脆，采收时要注意防止折断枝条。因管理不当而出现的僵果、尖果、红果要及时采收。

171. 嫁接栽培辣椒中易发生什么病虫害？如何防治？

嫁接辣椒栽培中病害主要有病毒病、白粉病、灰霉病等，而疫病和根腐病发生较少，虫害主要有蚜虫、白粉虱、红蜘蛛等。

如果生长期间发生病毒病，可以喷施 2～3 次病毒灵或病毒 K 防治病毒病，并注意防治蚜虫、白粉虱，防止病毒病的传播和扩展；发生白粉病时，在发病初期用 50%的特富灵或 70%腈菌唑粉剂 1 000 倍液进行喷雾防治，5～7 天 1 次，连续 2～3 次；灰霉病发病初期用 50%速克灵粉剂 1 500 倍液或 50%扑海因可湿性粉剂 1 500 倍液喷雾，每隔5～7 天喷 1 次，或用速克灵烟剂连续 3～4 次熏蒸。

蚜虫、白粉虱可用帅毙 2 000～3 000 倍喷雾或用蚜虱净烟剂熏蒸防治；红蜘蛛可用 73%天王星 1 000 倍液或 10%扫螨净可湿性粉剂 1 500 倍液喷雾防治。

十五、观赏辣椒栽培技术

☞ 172.哪些辣椒具有观赏价值?

辣椒是人们十分喜爱的蔬菜,营养丰富,特别是维生素 C 含量居各种蔬菜之首,同时辣椒中的辣椒素有多种保健功能,所以,辣椒在人们的餐桌及加工业中占有很重要的地位。随着人民生活水平的日益提高,人们不仅要求蔬菜好吃,而且要求“好看”,辣椒也是这样。多年来通过引种和杂交育种国内外培育出了许多新颖奇特的辣椒品种,它们色彩艳丽,有绿、白、橙、黄、红、紫等多种色彩;形状奇特,有珍珠形、牛角形、灯笼形、枣形、元宝形、玉指形、三角形、吊钟形等;此外,这些辣椒还具有极辣、微辣、香辣、麻辣、后辣、爆炸辣等多种风味,假如能够将它们一一细尝,领略辣椒文化,别有情趣。这些既可观赏、又具食用价值的特色辣椒,特别适合观光生态农业、都市农业、家庭种植的需要,越来越受广大消费者的喜爱,具有广阔的开发前景。

☞ 173.适于观赏栽培的辣椒有哪些品种?

适于观赏的辣椒一般在株型、植株颜色、辣椒果形和果色等方面多有独特之处,一般观赏辣椒的果实均较小,但坐果数多。许多观赏辣椒没有固定的品种名称,或只是一种统称性的称谓。

(1)风铃辣椒:果实金元宝形,又像风铃,果长 3～4 厘米，果顶宽 4～5 厘米，味较辣，嫩果期鲜绿色，成熟后转为鲜红色，结果较迟，属迟熟品种。对高温敏感，35℃以上或15℃以下授粉不良，不能坐果，开花坐果期适宜温度为25℃左右。植株较高大，高 1.5 米左右，单株挂果 40～50 个，适宜观赏园艺及露地生产用。

(2)五彩椒：小果型，呈长圆锥形，近似三角形，朝天，果长 2.5 厘米左右，果宽 1.6 厘米左右，一株可同时有奶白、浅黄、浅蓝、橙黄、红五种颜色，具有很高的观赏价值。辣味强，植株高 50 厘米左右，坐果力强，结果数多，每株可挂果150 多个，适合家庭种植及温室大棚、露地生产栽培或盆栽。

(3)黑皮小指天椒：小果型，呈圆锥形，近似三角形，果朝天，果长 2.5 厘米左右，果肩宽 1.6 厘米左右，有连续开花结果特性，结果较多；果色随成熟度不同而发生变化，幼果期为紫黑色，初成熟期变为青绿色，老熟期变成鲜红色，这样在一棵植株上可同时长有三种颜色的果实，很有观赏价值。该品种辣味中等，植株高 60 厘米左右，生长健壮，坐果率高，每株可挂果 100 多个，可在家庭阳台及温室大棚、露地栽培。

(4)黑珍珠：果小，圆形，直径 0.8～1.3 厘米，大小如珍珠，朝天，果皮紫黑色，如熟透了的黑葡萄，十分精致小巧，果实成熟后呈鲜红色。辣味强。结果力较强，每株可结果80～100 个，植株高 30～40 厘米，可在家庭阳台盆栽及温室栽培。

(5)红枣辣椒：小果型，呈长圆形，形状及大小刚好跟鲜红枣一样，长 3～4 厘米，宽 1.5～2 厘米，幼果期鲜绿色，皮光滑，成熟果鲜红色，并且果皮出现网纹，故有“网纹辣椒”之称。味极辣，结果多，每株可结果 80～100 个，植株高

60～70 厘米，生长健壮，坐果力强，可在家庭阳台及温室大棚、露地栽培。

(6)黄线椒：果瘦长，朝地，金黄色，长 12～15 厘米，果宽 0.8～1 厘米，幼果期绿色，果成熟后呈金黄色。味极辣，属麻辣类型，香味浓，刚吃时不觉辣，但稍后辣味不断加强，且较持久，深受嗜辣人士喜爱。植株高 50 厘米左右，结果力强，生势健壮，可在家庭阳台及温室大棚、露地栽培。

(7)幸运星：果小，圆形，直径 0.8～1.2 厘米，大小如珍珠，果柄 2 厘米，果朝天，每株可结果 200 多个，有如满天繁星挂在树上，有连续开花结果的特性，结果初期，果实绿豆大小，奶白色，果实成熟后转为鲜红色。味极辣，入口即辣，稍后辣味逐渐消失，辣味来得快，去也快，属爆炸型辣味，风味独特，可鲜食及腌制。植株高 50～60 厘米，生长势较强，坐果率高，抗病性强，适应性广，可在家庭阳台及温室大棚、露地生产栽培。

☞ 174. 观赏辣椒如何育苗和定植?

辣椒对温度和湿度要求较高，华南地区一年中适宜茬口为春植和秋植 2 次，春植 2 月下旬至 3 月中旬播种，秋植 7 月下旬至 8 月上旬播种。为提高辣椒的成苗率及质量，应选择在温室或小拱棚进行育苗。采用土基质育苗，用泥炭土、河沙、珍珠岩＝6∶3∶1 作基质，将它们均匀混合后装于 8 厘米×8 厘米的塑料育苗杯中，排放整齐。种子播前用 10％磷酸三钠浸 15 分钟消毒后，将种子投入 30℃温水中浸泡 2～3 小时，然后置于 30℃的环境中催芽，待种子露白后即可播种，每杯播 1 粒，然后在上面覆盖 0.8 厘米厚的基质，夏秋季盖上一层遮阳网，淋透水，待 2/3 种子出苗后撤去遮阳网,并用600倍的普力克喷雾防治猝倒病,每周淋1次0.5%的复合肥水,补充养分,培育壮苗,具4～5片真叶时定植或移到大花盆中进行盆栽。

北方地区主要在早春进行播种育苗,主要在1～2月中旬播种,方法可以参考前述的保护地育苗技术。

定植的地块应选择以前没有种过茄科作物的田块或土壤。定植前,深耕细耙,施足基肥,每亩施入腐熟鸡粪1 000千克,复合肥30千克,起畦,畦面宽1米,高25厘米,畦面要平整,采用双行定植,株距30～35厘米,"品"字形定植,株型较大的品种株距为50厘米,定植时保留根部的基质完整,以防伤根,种后马上淋足定植水。

175.观赏辣椒露地栽培时如何进行田间管理?

(1)肥水管理:定植后要及时查苗补苗,保持土壤的湿润。种后7天淋1次1%的复合肥水,促进植株的生长,开花前10天左右每亩追施氮、磷、钾复合肥15千克。坐果后每亩再追施三元复合肥20千克,尿素10千克,采用穴施,离根基部15～20厘米处施肥,以免造成烧根,以后每采收一次均要追肥。在栽培过程中,要注意加强排水,严禁大水漫灌而导致开花推迟,影响坐果率。

(2)整枝:辣椒一般为二杈分枝,主枝以下侧枝应及时疏除,主枝上的侧枝适当保留,以利通风透光,减少养分消耗,促进开花结果,增加结果数。为提高抗风抗倒能力,这些观赏辣椒要采用支架栽培或吊绳栽培,插竹竿支架选择在开花前、结合中耕培土进行,每株用交叉二支短竹支撑主干。

(3)保果与疏果:开花时期温度高于30℃或低于15℃

时会引起授粉不良，影响坐果.可用番茄灵等喷花，促进坐果。当结果较多时，可适当采收部分上市，特别是老熟果一定要摘除，减少养分消耗，以免影响植株生长。

(4)采收：观赏辣椒一般以观赏为主，未老熟前一般不采收。但亦可食用，要根据各自需要决定采收时期。如果是用于观赏的，可采收多余及成熟的辣椒，以保持植株旺盛生长，延长观赏期。如果是食用或加工用的，依据自己的用途，在各时期的不同颜色及成熟度进行采收。

(5)病虫害防治：以蚜虫、蓟马、茶黄螨、病毒病、疫病、青枯病(南方)为重点，可用5%高效大功臣1 500倍液防治蓟马和蚜虫，用克螨特800～1 000倍喷雾防治茶黄螨等螨类，用普力克600倍液防治疫病，用病毒通1 000倍防治病毒病，用72%农用链霉素4 000倍液灌根防治青枯病，注意不能长期单一使用同一种药，要交替使用，避免病虫害产生抗性。

176.观赏辣椒盆栽或基质栽培时如何管理？

观赏的辣椒常采用槽式基质栽培或盆栽。槽式基质栽培是利用红砖砌成简易栽培槽，槽底部铺有薄膜，槽宽74～100厘米，双行定植，定植株行距为35厘米×45厘米，每亩定植3 000～3 500株。盆栽则每盆定植1株健壮的苗。栽培基质可用苇末、炉渣、泥炭、锯末屑、珍珠岩、菇渣、细沙、中药渣等原材料按一定比例组成混合基质，如苇末：珍珠岩：炉渣：泥炭=4：1：1：1的基质配方等。

定植前要施足基肥。采用基质栽培的可在每立方米混合基质中混入8～10千克消毒鸡粪、1千克磷酸二氢铵、1.5千克硫酸钾、1.5千克硫酸铵，定植后采用稀薄的营养液进行浇灌。在定植后到现蕾开花前的一段时期,要少施氮肥,以提早结实。观赏辣椒的盆栽过程中也易发生青枯病、病毒病、炭疽病和疫病、灰霉病等,防治方法参考上述观赏辣椒露地栽培的内容。作为观赏用的辣椒一般都具有鲜艳的色彩,采收要及时。在采收的过程中要注意株型的结构,以有利果实接受阳光,并使果实着色均匀,增强观赏性,延长观赏期。

十六、温室辣椒长季节(一大茬)栽培和长短期间套作栽培

☞ 177.什么是温室辣椒长季节栽培?如何播种?

在连栋温室或保温性能好空间较大的日光温室中,利用辣椒无限生长的特点可以进行一年一大茬的长季节栽培。其栽培的基本技术与在温室中栽培辣椒基本相同,但在有些技术方面需适当地调整。

华北等地长季节栽培一般在8月底至9月上旬播种育苗,日历苗龄50～60天,10底至11月上旬定植,12月中下旬开始收获,一直到第二年6月份结束。越冬一大茬菜椒重点解决春节前后及早春、初夏的市场供应,菜价相对较高,但栽培的风险也较大。

☞ 178.长季节栽培对保护设施有什么要求?

辣椒对温度的要求比黄瓜、番茄要高,对低温的敏感性也较强,温度较长时间低于13℃就可能引起花芽分化不正常和单性结实,形成"僵果"而失去商品价值。所以,用于越冬一大茬辣椒栽培的温室,必须选用采光和保温性能较好的空间较大的冬用型日光温室或加温条件优越的连栋温室,采用高保温的聚乙烯薄膜和聚氯乙烯多功能复合膜作为透明覆盖材料,同时增加草苫覆盖层数或外加薄膜覆盖,使温室的极端最低气温不低于9.5～10℃,这是进行这茬

辣椒安全生产的重要保证。

179. 长季节栽培品种选择的依据是什么?

越冬一大茬辣椒属于长期栽培。其栽培中需要经历温度是从高到低,再从低到高;日照时间由长到短,再由短到长;日照强度由大到小,再从小到大,经历一年之中温度最低、光照条件最差的冬季,所以所选用的品种应具备耐热耐寒能力强,抗病性好,质优高产等基本优点。而且必须保持连续生长和坐果能力强,上部果不变小等特点。目前这一茬种植的甜椒等品种大多是从荷兰、以色列等国进口。

180. 辣椒长季节栽培对育苗有什么要求?

一大茬辣椒育苗一般在8月底到9月初进行。播得过晚难以在冬前光照和温度都较好的时期搭起丰产架子。单纯种植越冬一大茬时,每亩实栽2 500株左右。此期育苗多数地区的温度和光照都比较好,但是因为有露水出现,有时也会出现秋雨绵绵的情况,所以,育苗床需要搭小拱棚覆盖薄膜防雨避露。通常是在小拱棚内育籽苗,分苗到营养钵(1钵1株)里后,转入温室培养。播种后到定植的天数与苗期温度和水分状况有一定关系,如果条件都很适宜,45天左右即可定植,适宜定植的植株长相是:第一分枝和第一花蕾处于即将开放状态,定植后1～2天就能开花。具体育苗技术可参照前面育苗部分进行。

181. 长季节栽培辣椒如何定植?

越冬一大茬长季节栽培生长期长,必须施足底肥,一般每亩需用优质厩(圈)肥 5 000～7 500 千克，鸡粪 2～3 米^3，氮、磷、钾三元复合肥 40～50 千克，或用磷酸二铵 30～40 千克、硫酸钾 20～30 千克代替上述三元复合肥。底肥采取地面普施和开沟集中施肥相结合的方法。用 2/3 的底肥普施地面，人工深翻 2 遍，而后用铁耙四角耧平。按 80 厘米的等行距开南北向的沟，把剩余底肥撒入沟里，也要翻倒 2 遍，把肥与土充分拌匀，而后在沟内浇水。能操作时再扶起南北向的垄，此为定植垄。每隔 2 条定植垄，在行间再扶起 1 个小高垄，专供人员田间作业时行走用。

在垄上按 30～35 厘米的株距开穴，每穴栽 1 株苗。先在穴内浇水，随即放入苗坨，水渗后覆土。全田栽完后顺沟浇透水。定植深浅要合适，青椒过分深栽易诱发病害。

☞ 182. 长季节栽培辣椒肥水管理有什么特点?

定植水后可操作时，要中耕松土，做到锄细锄透。缓苗后再浇缓苗水，而后由深到浅、由近到远进行 2～3 次中耕，促进根系深扎，控制秧苗徒长。在缓苗水后的 12～15 天，在没有人行道的两垄间，简单支架起小拱棚。用幅宽 95～100 厘米的地膜覆盖上去，同时延伸到定植垄的外侧。南端埋入土中，北端用土压到地面。两垄间覆盖地膜所形成的空间，是以后进行膜下沟灌的地方。

大量开花坐果后宜多灌水，一般 7～8 天浇 1 次水。12 月下旬到 2 月中旬的低温时期，植株生长缓慢，光线也较弱，应控制浇水量，一般 10～15 天浇 1 次水，并特别强调只在晴天的上午浇水。春季温度升起以后，如果温室内空气干燥，高温常妨碍开花受精，引起落花。此时除了加强浇水外，还要把垄间的地膜适时揭开一部分。

栽培辣椒的土壤相对含水量以保持50%～60%为宜。一般认为青椒是需水不多的作物，但实际上水分充足时果实膨大快，产量也高。温室水分管理中，要提防地表泥泞而深层实际缺水的假象。灌水间隔时间和灌水量要依据土质、植株长相来综合判断。从果实来看，如果灯笼果的果实顶部变尖或表面大量出现皱褶，则表明水分不足，应及时灌水，否则，就要影响产量。

耕层中施肥量过大时，容易造成肥害。辣椒应以追肥为主，实行配方施肥。越冬一大茬青椒一般是从11月下旬到12月初开始追肥。青椒对肥料的反应比其他果菜迟钝，即使大量追肥，产量也不会显著增多。因此，在盛果期追肥次数应比其他果菜为少。追肥间隔时间多为10天左右。每次每亩追用硝酸铵10～15千克。

183. 长季节栽培辣椒怎样进行温度调节？

定植到缓苗温度宜高，一般白天28～32℃，夜间18～20℃，地温20～23℃，这在定植后一段时间是很容易保证的。辣椒成活后温度要适当降低，白天28～30℃，夜间17～20℃，地温16℃以上。以后随着光照时间变短，强度变弱，天气变冷，管理的温度可适度调低。逐渐把白天的温度调到24～27℃，夜间最低温度13～15℃。这样就能在白天弱光下获得较高的净光合率，在减少夜间呼吸消耗的情况下，使作物能有较多的光合产物积累。入春以后，天气变暖，要随着自然界光照的日益增强，逐渐提高管理温度，直至恢复到正常的管理温度。总的原则是白天气温不超过30℃，夜间不低于16℃。进入四五月份，外界夜间气温不低于16℃时，温室可彻夜放风。

地温对青椒的生育结果有着重要影响。据试验，地温23～28℃时，气温28～33℃和气温18～23℃的产量几乎没有差别。而当地温下降到18℃时产量就要受到影响，低于13℃就要受到严重影响。越冬一大茬栽培的辣椒在进入1月份时，地上枝叶繁茂，阳光直接照射到地面的数量明显减少，地温上升受到限制。如果再遇有连阴雾天，地中贮热大量散失，地温持续下降，时间一长，根系就会变得衰弱，节间变短，不久便出现结果过度的衰退，大量出现"僵果"的现象。要解决低地温的问题需要从两个方面着手：一是搞好整枝、摘叶，增加地面接收直射的光量；二是搞好地面覆膜，必要时人行道这一垄间也要覆膜。

☞ 184. 长季节栽培辣椒怎样进行整枝?

(1)双干整枝：目前，在无限生长大果型辣椒上采用双干整枝的方法对植株进行调整，方法就是在"对椒"以上萌发出的4个枝中，将2个长势差的枝条短截疏间，这样"四母斗"也结出2个果。在其上再发出的4个枝条，也做这样的处理，如此坚持下去，便形成了双干生长的株型。双干整枝的植株通透性良好，果实个大，生长整齐，更容易形成质量优良的产品。但双干整枝的植株必须进行枝条牵引。

(2)牵引枝条：露地条件下，无论是栽培无限生长型还是有限生长型的辣椒，一般都不吊枝和支架。温室栽培，特别是越冬一大茬栽培，由于生长时间长，枝条繁茂细弱，通常需要对植株枝条进行牵引和支架。牵引支架以后，不仅使枝条在空间得以合理分布，有利于改善植株的通风透光条件；同时还可通过调整枝条顶端的开张角度，调节枝条的长势。目前辣椒的支架有两种做法：一是用线绳牵引；二是插架绑缚固定。①吊绳牵引:凡是吊绳牵引的,须在定植后不久,给每株辣椒斜插一根60厘米左右长的小竹竿或木杆,固定在第一分枝的下部。定植20天后,在每一植株的上方,每隔0.4～0.5米拉起一道南北向的14号铁丝,用2根尼龙线分别系于同一株两个主枝的第三或四枝分杈处,上边酌情系到左右两道铁丝上,形成“V”形牵引。牵引的角度要视植株长势而定:株势旺时,可把主枝的生长点拉向外侧稍倾斜;因结果生长势下衰的枝条,可用绳缠绕尖端稍稍提起,使其长势加强。牵引中央的枝条原则不能高出两侧的主枝。如果中间牵引枝超过两侧主枝,可对其进行摘心,或将其顶端向一侧弯曲倾斜。②篱壁架固定:每行辣椒先用竹竿直插地面,再用3道腰杆连接形成单篱壁架。再将相邻的两个单篱壁架用短杆连接,构成一个比较牢固的整体。可以根据需要将枝条绑缚固定到篱壁架上。

(3)修剪整枝:①去腋芽。第一分枝下各叶腋间发生的腋芽,宜在育苗的末期和11月份各进行1次抹芽,腋芽一般不宜超过3～4厘米。第一分杈下的叶片宜保留。②摘叶。对病老叶要及时摘除,以减少病害,增加地面及植株下部光照。③修剪、疏枝。青椒最忌枝条重叠。前期应剪除拥挤的枝条,以防直立生长。12月中旬后发生大量枝条会造成内部拥挤,枝条互相重叠,要疏剪掉下部重叠的枝条。进入春季,植株下部会产生一些节间长度超过6厘米的徒长枝条,应及早疏剪掉。总之,在整个生育过程中,要把枝条整理到能从上面透过枝条隐隐约约可看到地面为好。

185.长季节栽培中如何保花保果?

在冬季可应用坐果灵、防落素或2,4-D保花保果。具体浓度等可参考产品说明书。

186.如何进行日光温室辣椒长短期间套作栽培?

日光温室辣椒长短期间作套种栽培实际是把秋冬茬和越冬一大茬结合到一起进行,秋冬茬先栽到越冬一大茬的大行间,利用土地和前期的空间进行一茬生产。越冬一大茬套栽到秋冬茬的行间,当越冬一大茬植株长起来后,秋冬茬生产已经结束,腾出了空间供越冬一大茬长期生长下去。这样不仅提高了温室土壤的利用率,也增加了辣椒均衡供应水平。

(1)品种选用:采用长短期间作套种的种植方式时,长期栽培的可参照越冬一大茬选用品种尽量采用国外引进的大果型甜椒品种。短期栽培的秋冬茬宜选用耐热、抗病毒病能力强的早熟和特早熟的优良菜椒品种。

(2)育苗:长季节栽培用苗可在8月底9月上旬播种育苗,具体育苗技术可参照越冬一大茬栽培部分。短期栽培每亩实栽1 600～2 000株,一穴双株,每钵点3粒种子。可在7月中下旬播种。其技术要点就是以防病毒病为中心,坚持做好"防强光、防高温、防雨涝、防干旱、防伤根、防蚜虫"和喷灌防病毒病药剂的"六防一喷。"日历苗龄30天左右,于8月上中旬定植。

(3)施肥整地:长短期间作套种栽培的底肥施用量可以参照越冬一大茬栽培部分。用2/3底肥普施地面,深翻耙细耧平地面后,再按大行1米,小行0.6米开沟。在沟内撒入剩余的1/3肥料,人工翻倒2遍,将肥料与土充分混匀后,在沟内浇水造墒。地皮发干可操作时,向沟上收土扶起小高垄，此为定植长期栽培辣椒的栽植垄，称为主行。同时在1米的大行间收起一条垄，此为定植短期栽培辣椒的垄，称为副行。

(4)定植：副行的定植：定植前须覆盖棚膜遮阴防雨。在副行垄上按30厘米开穴，每穴栽2株。

主行的定植：10月上中旬，在主行的垄上定植长期栽培的辣椒。定植方法和定植后的管理，见越冬一大茬栽培部分。

(5)管理：短期栽培辣椒的管理可结合前述的日光温室秋冬茬管理方法进行。1月上中旬主行辣椒已经进入结果期，可将副行的植株拔除。如植株上还有没长成的小果，可假植到后坡下等待长成。此后就转入以越冬一大茬为主的管理。

十七、辣椒的其他栽培方式

☞ 187.什么是杭椒？栽培技术有什么特殊性？

“杭椒”原来是一个品种名，但由于“杭椒牛柳”菜名而出名，杭椒的销量近几年也迅速增加。杭椒是用杭州鸡爪×吉林早椒配出的杂交一代品种，主要以采5～6厘米长的小嫩椒为主，小嫩果一般没有辣味，但采晚了(达到青熟果时)就有辣味。所以，杭椒的栽培技术与一般的青椒栽培没有太大的区别，但生产中必须及时采收，即嫩果长5～6厘米时及时采收上市。

☞ 188.南菜北运基地露地秋种冬收和冬种春收栽培辣椒的技术要点是什么？

在广东、广西、云南、贵州等地，充分利用当地冬季气温高，常年霜雪冷冻少的气候特点，发展冬季辣椒栽培，供应当地市场或南菜北运，对增加当地菜农的经济收入有重要的意义。

(1)品种：秋栽冬收和冬种春收辣椒应选择耐寒、抗病和商品性好的优良品种。由于秋栽冬收多是利用南方“天然大温室”的自然优势，建立南菜北运的生产基地，向北方广大区域供应。因此，要求品种的耐贮运性要好，果实商品性要符合目标市场人们的消费习惯。

（2）秋栽冬收育苗：

时间：秋栽冬收辣椒成功的关键是要保证其在“三九”低温期到来之前能够开花结果，带果度过低温期。故宜于8月上旬播种，20天后分苗，日历苗龄50天左右定植。这样在11月上中旬天气尚好的时期开花坐果，盛果期正好赶在“春节”期间。

技术要求：①苗床施肥整地。提前在高温季节将苗地深翻，在地面撒施腐熟的干猪粪或堆肥，厚4～6厘米。播种前3天，将苗床反复翻倒，使肥料与土充分混匀，并用石灰进行土壤消毒。苗床一般宽1～1.5米，长度视情况而定，周围设置排水沟，深20～30厘米。②种子处理。种子冷水预浸5～6小时后，再用40～60℃的高锰酸钾1 000倍水溶液搅拌浸泡处理30分钟，而后用清水反复冲洗干净种子上的药液。③消毒和播种。在床面每平方米撒用50克磷酸二氢钾，而后浇水。水渗后再喷用绿亨1号3 000倍液，每平方米用药液1～1.5千克，随之在床面撒上薄薄一层陈炉灰。将浸泡好的种子均匀撒播畦面，上盖细土0.5～1厘米。最后在床面覆盖稻草或遮阳网。④苗床管理。幼苗拱土应及时揭除覆盖物。苗期高温应经常浇水保持床面湿润，浇水宜在早晨进行。前期一般不追肥，缺肥时第一次用50千克水中加100克三元复合肥浇灌，以后改为加50克复合肥，相隔7～10天浇灌1次。3～4叶期分苗，分苗床如同播种床。定植前5～7天重施1次“送嫁肥”，并喷施1次杀虫剂和杀菌剂的混合药剂，如用1.88％艾福丁乳油和70％甲基托布津可湿性粉剂。定植的前一天浇足起苗水。

（3）定植：按每亩施用优质农家肥3 000～5 000千克，过磷酸钙50～100千克，硫酸钾25～30千克，饼肥50～100千克作底肥。肥料普施地面，深翻整细耙平，浇透水，而后按 80 厘米距离起垄,畦面宽 50 厘米,垄高 20～30 厘米,用幅宽 50 厘米的地膜覆盖畦面,四周用土压严。参照地膜覆盖栽培部分破膜定植。

(4)定植后管理:定植缓苗后气温还较高,根的吸收能力强,为了促进植株早长早发,可以追施 1～2 次速效肥料,开花结果以后,要控制氮肥的用量,增施磷、钾肥,以提高植株耐低温能力。后期温度低,根系活动能力降低,可改用叶面追肥,一般需要喷洒 1～2 次 300 倍的磷酸二氢钾水溶液,或者氮、磷、钾复合肥 500 倍液,同时加入天达 2116、喷施宝等更好。就一般地区而言,10 月份气温下降后,应该加盖小拱棚进行保温。但是需要注意小棚的揭盖放风,既要防止日灼和高温伤害,又要防止霜冻冷害。但是在海南、广东的湛江、茂名等地,因为冬季气温高,辣椒能够安全越冬,一般不发生冻害,可实行露地栽培,不用覆盖棚膜,甚至可以不用覆盖地膜。

(5)冬种春收栽培技术:9 月上旬播种育苗,日历苗龄 60 天左右,11 月上旬定植。在翌年 1 月份的低温到来之前,辣椒已经接近封垄,植株已经挂满小果,植株停止生长发育,但植株不会发生冻害。低温过后,天气转暖,植株逐渐恢复开花结果,3 月份果实迅速膨大,4 月份集中供应。由于秋种冬收地区一般在 3 月份要拔园,接着定植水稻,而 4 月份我国北方大多数地区的辣椒供应仍处在淡季,所以,冬种春收仍有着较好的经济效益和社会效益。

☞ 189. 秋延迟如何进行老株再生?

温室或大棚的秋冬季栽培时一般均采用育苗移栽的方法,进行正常的生产。但日光温室或塑料大棚秋延迟辣椒栽培时,也可以利用冬春茬、春提前或者春露地栽培的辣椒老株,经过植株更新后,转入秋延迟生产。辣椒老株再生栽培是利用生长后期仍较健壮无病的植株,对其进行剪枝,促进新的枝条发生来继续开花结果。

(1)植株选择:选无病毒病、生长势强的植株,这是正常再生的关键之一。

(2)剪枝方法:一般在当地早霜前 3 个月左右进行,以使新枝萌生后即进入适宜开花结果的时期,并有充裕的时间开花结果。剪截时将"四门斗"以上的枝条全部剪除,剪留枝上要保留一部分叶子,待新枝发出后,再酌情摘除。

(3)剪后管理:将剪下的枝条、田间的枯枝落叶、杂草及时清理出田外烧毁,同时进行一次中耕。然后用 5 毫克/千克萘乙酸和 3 000 倍的爱多收溶液灌根,每株 250 毫升,以刺激新根发生。同时,每亩用腐熟粪稀或鸡粪水 1 000 千克,氮、磷、钾三元复合肥 25～30 千克开沟施入,覆土后浇水,以促进肥效发挥。剪枝半个月左右,再追用 1 次氮素化肥,每亩用量为尿素 20～25 千克。

随剪枝随喷用 75%百菌清可湿性粉剂 800 倍液,或 50%多菌灵可湿性粉剂 400 倍液,预防病原菌从伤口侵染。新枝发出后要喷用 1 次毒杀螨虫和预防病毒病的混合药剂。开始采收后仍需要继续搞好防病治虫。

剪枝半个月左右,新枝发出后,要从中选留 2～3 个健壮的枝条,其余剪除。开花后喷用防落素进行保花保果。枝叶生长和开花结果期要多次喷用尿素、磷酸二氢钾等叶面肥。生长旺盛和结果多时枝条难以支撑,应该采用支架或牵引的方法进行支护。

(4)温度管理:秋延后老株更新栽培时在日平均气温 20～22℃时扣上棚膜。扣膜初期要大通风,以后逐渐减少通风量，到日平均气温15℃时扣严膜。以后随天气变冷，除扣严膜外，还要适时在晚上增加不透明覆盖尽量保温，延长结果。

(5)肥水管理：在剪枝恢复阶段追肥浇水的基础上，扣膜后的一个多月可以进行通风的时段，要继续搞好追肥浇水，促进枝叶生长，为延后结果创造条件。扣严膜后要坚持不旱不浇，以防空气湿度大，引起徒长和病害猖獗。

(6)采收：适时采收，减轻随株负担，同时也为贮藏保鲜打好基础。后期要防止发生冻害烂果。

☞ 190.枣园中如何间作辣椒？

枣园中树间有一定的空间，可以间作矮秆的对光照适应性较强的作物，其中辣椒是较为理想的间作蔬菜作物。枣园间作辣椒时应注意以下几方面：

(1)品种选择：间作的辣椒一般以采收红干椒如加工色素或采收鲜椒为主两种类型。加工色素型一般要求椒干红色素含量高，可选择益都红或韩国进口金塔椒等；采收鲜椒型一般要求个大、产量高、抗病性强的品种。

(2)育苗：枣树间作一般选择春栽辣椒。春栽辣椒可以延长生育期，辣椒产量高，品质好，效益高。华北地区育苗时间一般在3月15日左右，采用地膜覆盖加小拱棚。种植1亩辣椒需要苗床面积不少于20平方米。一般畦宽1～1.2米，长度视苗床面积而定。然后把苗床深翻耙细搂平，浇透水后把种子均匀地撒在苗床上，覆盖细土1～1.5厘米，再撒甲基异柳磷或辛硫磷毒饵防治地下害虫，喷洒700倍的72%都尔乳油防除杂草。出苗前，苗床温度最好控制在25～32℃。当种子大部分出土时，要撤掉地膜，苗床温度控制在白天25～28℃，夜间16～18℃。待幼苗长出4～5片真叶时进行间苗，苗间距为5厘米，同时苗床要注意浇水和防治蚜虫、红蜘蛛等。移栽前3～5天，在苗床上可喷一遍植病灵和云大120，以防病毒病。定植前壮苗的标准是：苗子长出8～10片真叶，茎粗0.4～0.5厘米，苗高15～20厘米，叶片大而浓绿，第一朵花现蕾。

(3)移栽定植：一般在5月20日前后移栽。辣椒行与枣树间距不小于50厘米。辣椒行距一般按大行60厘米，小行40厘米，株距20～25厘米定植。每亩需施三元复合肥(氮、磷、钾各15%)40千克，尿素7.5千克，硫酸亚铁1千克。按上述株行距单株栽植，随后浇水，以利于缓苗，提高成活率。

(4)田间管理：①中耕除草。中耕除草不仅增加土壤通透性，促进植株生长，而且可以旱时保墒，涝时晾墒，增强辣椒的抗旱抗涝能力。一般定植后12～15天，植株产生大量新根后，可耘锄一遍，以后要勤锄浅锄，以免伤根。杂草危害时，可用10.8%的高效盖草能20～20毫升，对水15～30千克，喷洒杂草茎叶，消除草害。②起垄培土。起垄培土既可以防止辣椒倒伏，又可以保护辣椒根系，延长寿命。一般在辣椒封垄前进行，培土厚度以6～10厘米为宜。辣椒根系分布较浅，好气性强，因而培土不可过深。培土可结合中耕分次进行。③施肥浇水。于门椒开始膨大时可追肥1次，一般每亩可追施尿素10千克。辣椒生长中后期，由于土壤养分不足和微量元素缺乏，这时根外施肥，增产效果显著。叶面肥有磷酸二氢钾、太得肥等。叶面肥可与非碱性杀虫或杀菌剂同时喷施。若天气特别干旱，可浇1次小水，不可大水漫灌。④病虫害防治。疫病可用50%甲霜灵600倍液或64%杀毒矾粉剂400倍液灌根防治；病毒病可用2.5%植病灵粉剂1 500倍液或2.5%病毒灵1 000倍液防治;炭疽病可用70%甲基托布粉剂400倍液或75%百菌清粉剂600倍液防治。棉铃虫、蚜虫等害虫可用聚酯类农药防治;茶黄螨可用杀螨醇等药剂防治。

(5)收获晾晒:华北地区,辣椒收获时间一般在10月中旬为宜。收获时要连根拔起,这样有利于根系和秸秆中的养分向椒果中回流,从而增加椒皮厚度和光色度,提高商品等级。辣椒收拔后,可在地里晾晒2~3天,期间可翻倒几遍,然后上垛,椒垛要选择地势高、通风好的地方,垫好垛底。上垛时先头朝外,根朝内,垛高1.5米,垛顶可盖草苫子遮阴,以防辣椒被太阳直晒变成花皮椒。8~10天后再翻倒垛1次,根朝外,头朝内,期间要注意防雨雪。待椒果达到手握无气、手捻不转时,按等级采摘出售。

☞ 191. 辣椒与玉米间套种有什么优点?如何进行优化栽培?

辣椒生产中“三落”(落花、落果、落叶)问题严重影响了辣椒的产量和品质。辣椒与玉米间作能有效解决三落问题。由于辣椒植株矮,增加了玉米的通风透光性,有利于玉米充分利用空间潜力发挥个体优势,从而达到穗大、粒多、产量高的目的。同时玉米为辣椒遮阳,使辣椒因高温所致的日烧病、病毒病等显著减轻,从而解决辣椒生产中棘手的“三落”问题,提高产品质量。

(1)间作模式、品种选择:辣椒间作玉米模式为150厘米为一种植带,种单行玉米,每穴双株留苗,穴距33厘米,亩株数2 500~2 700株。间作2行辣椒,行距40厘米,辣椒与玉米间距55厘米,每亩3 000株。春茬、麦茬均可间作玉米。辣椒选用望都羊角椒、益都红、金塔椒等红干椒或干鲜两用的一代杂交种。玉米品种应为稀植大穗品种。

(2)育苗：春茬辣椒育苗播种期一般在3月上中旬，较麦茬提前1个月左右。采用地膜覆盖加小拱棚。定植3 000株左右。在不分苗的情况下，种植每亩辣椒需10平方米育苗床，一般畦宽1～1.2米，单株之间以4厘米×4厘米为宜，把苗床深翻细耙搂平，用腐熟圈肥1份，过筛的田园土2份，混合均匀制成营养土，铺在苗床上。播种前一天或当天，苗床浇透水，渗完后床面铺一层薄薄的细土，然后撒施2/3的药土(每平方米用移栽灵2 000倍液加敌百虫200倍液对细土3千克)，将种子均匀撒在苗床上，播种完毕再撒施剩下的1/3药土，然后覆盖营养土0.5～0.8厘米。喷洒700倍的72%都尔乳油防除杂草。

播种后密闭升温，使苗床温度保持在25～30℃。当种子大部分出土时，要撤掉地膜，苗床温度控制在白天20～23℃，夜间15～17℃。在幼苗1～2片真叶时进行间苗，培育壮苗。壮苗标准：苗子长出8～10片真叶，茎粗0.4～0.5厘米，苗高15～20厘米，叶片大而浓绿，第一朵花现蕾。定植期前浇一次大水。

(3)定植：春茬一般在5月10日左右覆膜定植，麦茬以麦收前10～15天麦垄套种玉米，麦收后定植辣椒为主，也可麦茬抢种。春茬定植前要进行整地施肥，每亩用腐熟圈肥6～8立方米，12%过磷酸钙35～50千克，硫酸钾复合肥50千克(辣椒忌氯化肥，不能使用氯化肥)硫酸锌2～3千克。按辣椒玉米间作模式栽植，随后浇水，以利于缓苗，提高成活率。

(4)加强田间管理：辣椒移栽后立即浇缓苗水，叶片上不要沾上泥土，结合中耕施适量粪肥作为苗肥，切忌多施，早施轻施提苗肥。在植株大量开花而果实不多时期，追施适量肥料以满足辣椒开花结果的需要，又要防止追肥多引起植株徒长、落花，一般每亩可施粪肥1 000千克，尿素5～8千克，过磷酸钙7～8千克。中耕1～2次，并进行培土，进入雨季后注意排水防涝，连阴雨天暴晴应及时浇小水，花果期管理要重施肥料，一般每亩施粪肥1 500～2 000千克，过磷酸钙25～40千克，尿素10千克，因施用量大，肥料要施在距植株群根6～10厘米以外，以免烧根。此时正值8月下旬至9月上旬，是辣椒的结果盛期，要注意防止落花、落果、落叶，此时应喷洒80%椒丰(2.5克对水30千克)溶液及防旱，每隔7～8天浇水1次(浇小水，切忌大水漫灌)；10月中下旬要控制浇水。收获前10～15天喷700～800倍液乙烯利催红。徒长椒田管理盛花后用矮丰灵、矮壮素等药喷洒，深中耕，控徒长。

对间作的玉米重点抓好分期追肥措施。在全生育期施纯氮19～23千克的条件下，以底肥30%、追肥70%的比例为佳。追肥采用"前重后轻"的方法，即拔节期每亩施纯氮9.5～11.5千克，折碳铵56～68千克；大喇叭口期每亩施纯氮3.8～4.6千克，折碳铵22～27千克，因辣椒与玉米共生期较长，可以做到一水两用，所以，玉米基本不用单独浇水。其他栽培措施同常规栽培。

192.如何进行麦茬辣椒的高产栽培?

麦收前后定植辣椒，利用辣椒夏秋季露地生长，供应秋淡季蔬菜市场，投资少，效益好。进行麦茬辣椒栽培时应注意以下几个技术环节：

(1)选择适宜品种：选择耐热，抗病毒病能力强，植株生长势强,分枝性强,连续坐果能力强,后期果仍保持较大,果面光滑,商品性好,果肉厚,心腔小,失水慢,耐贮运,货架期长的品种。如湘研 10 号、湘研 6 号、洛椒 4 号、98A、豫椒 6 号等。

(2)适时播种:适宜的播种期要根据当地麦收的时间而定,一般比麦收早 60 天左右的时间(即辣椒苗龄约 60 天)。如麦收在 6 月上中旬的地区,可在 4 月上旬清明节到 4 月下旬播种育苗。如果是套种的可适当早播。

播种前 7～10 天整苗床地,采用平畦育苗。苗床施足腐熟粪肥,翻整耙匀后做成 1.2 米宽的平畦,上面扣小拱棚盖薄膜增温保湿。春季地下害虫开始活动,会影响出苗,要在播种前 1～2 天喷药防治,可用 50%辛硫磷乳油或 90%晶体敌百虫稀释后喷湿床面,每平方米苗床用药 2～3 毫升。喷药后畦面上盖塑料薄膜闷熏 24～48 小时。播种前苗床浇足底水,按 7 厘米见方点播,穴播 2～3 粒种子,覆土厚 1 厘米,上面盖地膜保湿增温,夜间加盖草苫保温,提高棚温以利于尽快出苗。出苗时揭掉地膜,齐苗后适当通风降低棚温,防止幼苗徒长。破土后去掉薄膜。2 片真叶时定苗,穴留 1 株苗。雨天注意覆盖,防雨拍苗。及时防治蚜虫,避免造成危害。定植前 1～2 天苗床浇水,以便带土定植,有利于定植后缓苗。

(3)整地做畦:麦套辣椒在种麦时按 6∶2 或 4∶4 留空白带。收麦后定植的辣椒按宽窄行做畦,宽行 70 厘米,窄行 50 厘米,在窄行上起埂定植两行辣椒,整地前施足腐熟有机肥。轮作辣椒定植越早越好,最晚不超过 6 月 10 日。麦套辣椒在收麦前 10 天定植,小麦和辣椒共生期最长不超过 15 天。定植选阴天或晴天下午进行,株距 40～50 厘米,随浇定植水。

(4)水肥管理:抓前期管理,促植株早封行。定植后若遇天气干旱,应及时补浇缓苗水,缓苗后追施磷酸二铵,促苗早发棵。为使植株7月中旬前封行,勤浇水,保持地面湿润,淡肥轻施1～2次,追肥以腐熟人粪尿配合磷钾肥为好。立秋后植株进入结果盛期,需养分多,要加大施肥浇水量,重施催果肥。每亩施人粪尿1 000千克或尿素10千克,复合肥20千克。以后每采收1次,追肥1次,肥料随水冲施。生长后期防早衰。每亩施磷酸二铵15千克、尿素10千克,叶面喷施磷酸二氢钾和微量元素肥,保证后期果实充分发育长大,提高产量质量。

(5)病虫防治:麦茬辣椒栽培易发生病毒病、疫病、炭疽病、棉铃虫和烟青虫危害。棉铃虫和烟青虫在开花期用50%辛硫磷乳油1 000倍液或40%菊杀乳油2 500～3 000倍液喷雾防治,10～15天喷1次。干旱天气易发病毒病,注意防治传毒媒介蚜虫,喷洒病毒A、植病灵、83增抗剂、抗毒剂一号等。阴雨天防治疫病、炭疽病等,用25%甲霜灵可湿性粉剂1 000倍液或40%乙磷铝可湿性粉剂200～250倍液或65%代森锌可湿性粉剂400～600倍液喷雾防治1～2次。

193.什么是叶用辣椒?怎样栽培?

叶用辣椒是辣椒栽培中的一个特殊品种,通常以采收嫩茎叶和成长叶作蔬菜食用。叶用辣椒营养丰富,据测定,每100克鲜菜含干物质13.40克、蛋白质4.46克、维生素C 69.19毫克、铁99.84毫克、钙1 576.6毫克、锌4.58毫克。它可炒食、做汤或做火锅料。叶用辣椒正以丰富的营养保健价值和嫩滑可口的优良品质而走上高档蔬菜餐桌。

(1)品种及特征特性:目前专用于生产辣椒叶的品种很少,一般是从大量的辣椒品种资源中筛选,选择嫩茎叶生产快,品质优良,叶片柔嫩肥大,纤维少,商品性状好,耐疫病、青枯病、病毒病,植株分枝能力强,生长势强,适宜多次采收,产量较高,适应性广,开花迟,适宜露地栽培或保护地栽培的品种。

叶用辣椒能忍耐较高及较低的温度,在华南各地可顺利露地越夏,北方地区能在春夏秋生长期露地生长。茎叶生长适温为 22～25℃。当植株进入开花结果期后,植株茎干木质化较完全,可忍耐 35℃以上的高温及 0℃的低温。叶用辣椒对土壤的要求不严格,但以肥沃、排水良好、保肥性能好的沙壤土为宜。辣椒单叶面积小,但总叶面积大,适宜的水分条件可增大其叶面积,可提高产量和品质。

(2)播种:适期播种:华南地区露地栽培播种期为 2～5 月份和 8～10 月份,在有保护设施的条件下全年均可生产。叶用辣椒具有较强的抗逆性,但适宜在肥沃、排水良好、保肥性能佳、不与茄科作物连作的沙壤土中种植。播前施足基肥,一般亩施腐熟粪肥 2 500～3 000 千克,耙匀,起条做畦。华北地区春季露地栽培的播种期在 4 月中旬后(直播)。

在多雨季节或雨水过多的地区宜采用高畦栽培,以便于灌溉及排涝。必要时播种前进行土壤消毒。叶用辣椒以直播为主,可撒播或条播。温度适宜时不需浸种或催芽即可播种,为保证出苗整齐和培育壮苗,播种前先用 55℃左右的热水烫种 10 分钟,然后置于温水中浸种 3～4 小时,洗去种子表面的黏液,捞出沥干水分播种为好。当外界气温较低时将浸好的种子用湿布包好,放在 28～30℃的恒温箱内催芽,每日翻动种子或用清水洗 1 次,4～5 天后种子露白即可播种。采用条播的先开浅沟,沟距 10～12 厘米,沟深 2 厘米，播种后覆土。撒播的要均匀撒种，播后覆盖 0.5～1 厘米厚的细土或用黑色遮阳网覆盖，防止土壤表层板结。播后要淋透水，一般每亩用种量 500～750 克。

(3)田间管理：播种后保持土壤湿润，以便于种子吸水发芽。种子开始破土时要及时揭去黑色遮阳网等覆盖物。在适宜的条件下播种后 7 天左右齐苗，出苗后宜用 77%可杀得可湿性粉剂 1 000 倍液喷雾，预防猝倒病的发生。苗期注意土壤湿度，以见干见湿为宜，避免猝倒病造成缺苗断垄。当植株 5～6 厘米高时宜间苗，去除病苗、弱苗、劣苗，并结合追肥，促进根系的发育。叶用辣椒对氮肥的需求量较大，追肥宜用腐熟的粪肥加过磷酸钙、草木灰、硫酸铵或尿素等肥料，促进茎叶迅速生长。从出苗至第 1 次采收需追肥 3～4 次。为获得优质无公害产品，采收前 21 天不施用粪肥或喷施农药。在植株基部未完全木质化时宜适量控制水分，防止霜霉病、枯萎病等的发生。叶用辣椒生长期要求适量的水分，土壤积水易引起烂根。

(4)适时采收：当植株第 1 门椒花孕蕾时为采收适期，嫩梢长度以 15～18 厘米为宜。采收时在基部留 4～6 节位采收嫩茎叶及成长叶，去除已木质化的老茎，经清洗包装即可上市。采收后需及时追肥和预防疫病，每茬可采收 2～3 次，亩产达 1 000～2 000 千克。

194. 什么是辣椒芽？怎样生产？

辣椒芽主要是指食用的是 10 厘米左右高的辣椒幼苗，俗称辣椒芽。辣椒芽具有促进食欲、帮助消化，治胃寒、冻疮、风湿，有提脑醒神、解毒等功效，同时还含有辣椒素及维生素 A、维生素 C 等多种营养物质，有特殊的辣椒清香，可煎、炒、炸、凉拌等,食用方便。但现在大多是自产自销,没有形成大规模生产,不能满足市场对辣椒芽产量的需求。

辣椒芽生产一般采用无土基质栽培。因其生产周期短、在整个生长周期内不需要使用农药,所以,辣椒芽是一种无公害的卫生食品,同时栽培方便,设备简单,规模可大可小,生产具有计划性、稳定性,不受外界气候条件限制等优点,对调节淡季蔬菜供应有重要作用,而且效益较高。

辣椒芽无土基质栽培技术要求如下:

(1)环境条件:辣椒属于喜温蔬菜,种子发芽适宜温度为25～30℃,需3～5天即可发芽。幼苗生长期适宜生长温度为20～25℃之间。辣椒对光照的要求因生育期而不同。种子在黑暗条件下容易出芽,而幼苗生长时期则需要良好的光照条件,为了获得含水量多、叶片厚薄、颜色适中的芽菜,防止木质化,在生长的前期要注意减少光照,在采摘前2～3天开始进行光照。由于在芽期生长期短,对水分的消耗不是太多,基质中的水分一般都能满足生长需要,不需另外供给水分,但在出芽后,为了保证芽的鲜嫩,可以定期进行喷雾。

(2)材料准备:①多层栽培架。采用立体栽培架,架宽、高一般为60厘米、160厘米,长度可根据栽培环境实际操作的方便程度另行决定。栽培架每层间隔30～40厘米,每层放置5层育苗盘。②育苗盘。育苗盘采用有孔、平底的轻质塑料制成,盘长、宽、深分别为60厘米、25厘米、5厘米。③培养基质。用珍珠岩重量轻,通透性好,一般选其为基质。

(3)培育技术:①浸种催芽。将种子置于温水中浸泡2～3小时,然后捞出种子,稍晾干后用湿纱布或毛巾包裹种子,在保温条件下置于25～32℃恒温下催芽。经3～

5 天种子根芽开始露白，此时应把温度降低至 25℃左右，待有 60%～70%的种子根芽露白时即可播种。②播种。播种前先将育苗盘洗刷干净，在盘底铺一层尼龙纱，在纱上面再铺一层白纸，然后平铺一层珍珠岩，厚约 2.5 厘米，保证珍珠岩与拌水量体积比为 2∶1。将催芽的种子均匀地播撒在基质上，根据对芽菜的要求不同，每平方米的播量为 200～240 克。播种后，在种子上再覆盖一层 1.5 厘米厚的基质，立即浇水，使基质全部湿润，然后上架。③上架后管理。播种后温度控制在 20～25℃；每天喷雾 3～4 次，保证空气相对湿度为 80%，喷水时要注意先喷上层，然后依次向下喷。以免下层水量过大。刚上架时要将育苗盘放在光线较暗的下架上，为了保障芽苗生长的整齐性，要每 2 天调整 1 次育苗盘的朝向，随着芽苗的生长，可将育苗盘从下层逐渐向上层移动。

(4)辣椒芽的采收：当苗高 10 厘米左右，根、茎未木质化、叶呈碧绿色时采收。若就近销售，可连育苗盘一起上市，若外销，可选择早晨 8 时左右采收，采收时将苗连根拔起，清洗干净，包装上市。

十八、辣椒的生长异常与营养诊断

195. 辣椒缺氮表现什么症状?

缺氮时植株生育不良,植株瘦小,叶片由深绿变为淡绿到黄绿,叶柄和叶基部变为红色,特别是下部叶片变黄,尤其老叶容易出现症状。当氮肥过多时,心叶浓绿,叶片皱缩,中部功能叶片中肋突出,形成覆船形,下部叶片出现扭曲,叶片大、叶柄长。

196. 辣椒缺磷表现什么症状?

缺磷时整个植株生长不良,尤其老叶容易出现症状。叶片呈暗绿,并有褐斑,老叶变褐色,叶片薄而小,下部叶片的叶脉发红带紫,顶部浓绿。当植株体内磷过剩时,叶片尖端白化枯干,同时出现小麻点。

197. 辣椒缺钾表现什么症状?

缺钾:症状是从果实膨大时开始在成熟的叶上出现。下部叶尖及叶缘变黄,有黄色小斑,以后向叶的中肋部扩展,叶尖及叶缘呈黄褐色,与叶脉附近的浓绿色部分对比清晰。缺钾和缺镁症状的区别是:缺钾从叶缘开始失绿,且由外向内扩展,健部和病部对比清晰。缺镁是从叶内侧开始失绿。

缺钾时，植株叶片尖端变黄，有较大的不规则斑点，叶尖和边缘坏死干枯，叶片小，卷曲，节间变短。有的品种叶缘与叶脉间有斑纹，叶片皱缩。

☞ 198.辣椒缺钙表现什么症状？

缺钙时植株生长点畸形或坏死，停止生长或萎缩。果实上出现症状，果实顶腐（多在酸性土壤上发生）。

☞ 199.辣椒缺铁表现什么症状？

缺铁时叶片黄化、白化，且首先易在嫩叶上出现。土壤酸碱度不合适常是造成缺铁症的间接原因，在碱性土壤中溶解态的铁较少，只有在酸性土壤中才有较多的可溶性铁。

育苗期间有时出现幼苗的中心叶黄化，也是缺铁的症状，且苗期根数明显减少。原因大多是苗床中施入了过多的没有腐熟的有机肥所致。

☞ 200.辣椒缺硼表现什么症状？

缺硼时植株生长点畸形或坏死，停止生长或萎缩。缺硼症在顶端新叶上表现的症状，自顶叶黄化，变凋萎（中性到偏碱性土壤上易发生）；茎及叶柄上出现症状为顶端茎及叶柄折断，内部变黑色，茎上有木栓状龟裂。中性及偏碱性土壤易发生。

☞ 201.辣椒缺镁表现什么症状？

缺镁时，辣椒叶片为灰绿色，叶脉间黄化，基部叶片脱离，植株矮小，坐果少。

缺镁症状出现在靠近果实的叶片上时，生长的初期不发生，果实开始膨大时症状开始出现。果实膨大时，靠近果实的叶片的叶脉间开始发黄。在生长的后期，除叶脉残留绿色外，叶脉间均变黄，严重时，黄化部分变褐，落叶（低地温引起根吸收不良，特别是磷和镁的吸收都不良时，或大量施用含钾多的有机肥时易发生此症）。缺镁与缺锌的症状区别是：缺镁症状不在新叶上发生；缺镁症多在土壤比较酸的情况下发生。

缺镁时在顶端新叶上表现的症状为幼叶和新叶呈黄白色，叶脉残留绿色（土壤酸性，多肥、多湿的条件下，容易出现此症）。

202. 辣椒缺锰表现什么症状？

缺锰症表现为：自新叶开始出现症状即新叶变黄，渐向较大叶上发展。新叶的叶脉间黄绿色，叶脉仍为绿色，变黄部分不久变褐色。

缺铁和缺锰的症状区别：缺铁顶叶近黄白色；喷洒硫酸亚铁后症状在 2～3 天消失，可定为缺铁症。

203. 辣椒缺锌表现什么症状？

缺锌症表现为：自新叶开始出现症状渐向较大叶上发展。叶小呈丛生状，新叶上发生黄斑，逐渐向叶缘发展，致全叶黄化。黄斑部分与绿色部分对比鲜明。

☞ 204. 辣椒缺水时表现如何？

当水分供应充足时，辣椒顶部正在生长的叶片近圆形，近叶柄处的叶片部分是嫩黄色、有光泽。当水分供应不足时，叶片暗绿、无光泽，叶片狭小，叶脉弯曲，叶柄弯曲，叶片下垂。整个叶片下垂，是根系吸收能力弱的表现，大多是土壤湿度过大造成根系缺氧，或根系受伤（如施肥过多或根系病害）吸收差引起的。

☞ 205. 辣椒叶片长相与温度、营养等有什么关系？

生长正常的叶片应是卵状披针形或长圆形，叶片舒展，叶柄与茎秆的夹角在50～60度之间。夜温高时叶柄长，叶直立，叶柄的角度为40度左右，叶尖下垂；夜温低时，叶柄平展，角度在70度左右，叶尖下垂较小。氮肥多和干燥时，叶片的表现和高夜温时一样；缺氮和多湿时，叶片的表现同低夜温一样。氮、磷、钾供应良好时，叶子尖端呈长的三角形；钾肥效力充分时，叶片呈宽幅带圆形。

☞ 206. 开花结果部位与辣椒生长状况有何关系？

生长正常的植株，开花位置距植株顶端10厘米左右，果实采收的位置距顶端25厘米左右，开花至采收果实之间有3片展开的叶片，节间长4～5厘米。当开花位置距顶端超过15厘米，花小，质量差，是日照不足、夜温过高、氮肥和水分过多引起的植株徒长。开花节位上升，靠近顶端开花，是营养生长受抑制的表现，一般是夜温和地温低、缺水、缺肥、结果多、根系发育不良造成的。

207.辣椒幼苗根系生长不良时如何表现？怎样促进根系生长？

幼苗根系生长不良时一般表现为幼苗生长慢，株矮小，叶片小，叶色深，即出现老化苗现象。此时的管理措施重点是如何促进根系的恢复生长，进而促进地上部的生长。首先要控制温度和湿度，使生长环境尽可能达到或接近辣椒生长的适宜温度，同时可以用萘乙酸等生长素类物质及多种营养元素复合液灌根，促进根系生长。地上部可以用九二〇处理，相应的浓度可以参考说明书。

208.为什么出现三杈分枝？

辣椒的生长点变为花芽时，就要出现分枝。正常条件下，辣椒是二杈分枝，但育苗时也会出现三杈或不完全的三杈分枝。从单株产量来看，三杈分枝的产量高。但在做枝条牵引时，如果二枝和三枝混合在一起，操作起来就比较麻烦，因此需要避免。

营养状况良好，温度适宜，生长发育速度也比较快时，植株进行的是二杈分枝；营养状况良好，但生长发育速度慢，植株就要形成三杈和不完全的三杈分枝。为了防止，应在花芽分化后，保持适宜的温度，以保证植株生长发育良好。

209.植株长相异常说明什么？

正常生长发育的植株形态是开花的部位距离顶端

15 厘米左右，采收果实的位置距离顶端 25 厘米左右。植株生长势弱时，开花和采收果实的部位都离植株顶端较近，果实发育也不良。

夜温高，日照不足，氮素营养过盛，水分充足时，容易形成徒长的植株。植株徒长时，由于节间变长，开花和采收果实的部位明显大于 15 厘米和 25 厘米，而且形成的花小，质量也差。夜温过低，地温过低，缺肥，干旱，或植株挂果过多，负担过重时，容易形成营养生长被抑制型的植株。这种被抑制型的植株发生的根本原因是因为光合产物少，或分配到根系的碳水化合物少的结果。也就是说，供应根系的养分不足，根系生命活动不旺盛或被抑制，就会形成抑制型的植株。抑制型植株的开花和采收果实部位明显地上移。

210. 长柱花和短柱花坐果情况如何?

温度适宜，植株营养状况良好时，辣椒分化发育成的花是长花柱花，也就是雄蕊高于柱头的花，这样的花才能正常授粉，落花率一般不足 5%。若营养不良，分化发育而成的花是雄蕊与柱头等高，称为中柱花，这样的花将有一部分不能授粉，落花率可能达到 30%。营养状况进一步恶化，大部分要形成雄蕊低于柱头的短柱花，这样的花大部分不能自花授粉，落花率高达 90%以上。

从长柱花、中柱花到短柱花，花瓣和花朵逐渐变小，开花的方向也是逐渐变为横向，有的甚至朝天，花梗也变短。

正常情况下，辣椒的主枝营养状况一般都为良好，因此多发生长柱花。侧枝对植株营养状况反应比较敏感，其上多产生中柱和短柱花，落花率高达 70%。所以，要对辣椒进行整枝，改善侧枝的光照条件，同时摘除发育低劣的侧枝。

☞ 211.什么是变形果？产生的原因是什么？

(1)症状：果形不正、小型果及由于单性结实产生的僵果均属变形果。变形果一般失去或降低了商品价值。

(2)发生规律：变形果多由于受精不完全而发生，同一果内受精完全部分发育正常，未受精或受精不良的那一部分不能正常肥大，因而果形不正。辣椒花粉发芽的适温为20～30℃，超出该范围的高温或低温，会使花粉发芽率降低，导致不正形果发生。最低温度在13℃以下时，基本不能正常受精而行单性结实，形成僵果。雌蕊比雄蕊短的短花柱花，授粉难，容易落花，即使坐住果也往往是单性结实而果形不正。变形果还和品种有关。

变形果的发生与环境关系密切，日光温室性能差，不能充分保温，低温而使养分吸收减少，则会使变形果增多。即使不加温的日光温室，低温季节也会出现高温，如果不能及时控制，也会造成受精不良，产生变形果。另外，土壤水分不足，植株长势变弱，也会造成落果和果形不正。

(3)防止对策：变形果主要是受精不良造成的，而受精不良又多为温度不适所致。所以，首先要做好室温管理，即夜温18℃以上，白天23～30℃，地温20℃，以促进授粉和受精。加强肥水管理，科学整枝，保持长势旺盛，也可以减少变形果发生。

☞ 212.什么是日烧病？如何防治？

(1)症状：果实向阳面发生大片脱色病斑，与周围健部组织界限明显，病斑变干后呈革质状，变薄，组织坏死，以致引起炭疽病及其他腐生菌生长，出现褐色霉层，湿度大时，则常因细菌侵染而使果实腐烂。

（2）发生规律：果面暴晒在阳光下，使果实局部过热而造成的生理病害。在早晨，果面出现露珠，阳光直射经水珠聚焦作用灼伤果实表面细胞，即为日烧病。当土壤缺水时易引起日灼，当作物因病毒病、蚜虫及螨类为害、密度过稀等都易发病，而柿子椒发病尤重。

（3）防止对策：合理密植，使果面不受阳光直射；实行南北向种植，加强肥水管理，使枝叶繁茂；及时防病治虫，都可预防日烧果发生。

213.脐腐病有什么症状？如何防治？

（1）症状：发生于脐部，病部变褐，后期染病部位常被杂菌寄生，也可腐烂。

（2）病因：为生理性病害，多因水分供应失常及缺钙造成。当土壤水分一直充裕，唯当植株旺盛生长时骤然缺水，此病当即发生。也有人认为是植株不能从土壤中吸取足够的钙素，致使脐部细胞生理紊乱，失去控制水分能力而发生。

（3）防止对策：一是地膜覆盖可保持土壤水分相对稳定，并可减少多次浇水引起钙的淋失；二是进入结果期时叶面喷用钙源 2 000 溶液 1 000 倍，1％过磷酸钙浸提液，或氯化钙 1 000 倍液，或硝酸钙 1 000 倍液，10～15 天 1 次，连喷 2～3 次。

214.冷风害症状如何?

薄膜破损和放风不慎有冷风侵入,会使组织部分冻伤坏死而产生白色斑点;此外,在温度急剧升高后突然大放风也会造成相同的危害症状。其症状有时同热风炉产生有害气体的急性伤害相似。

十九、辣椒采种技术

☞ 215.如何选择适宜的生态区进行辣椒的采种?

辣椒种子生产中,要根据辣椒品种的生物学特性,选择适宜的(自然条件)地区生产辣椒种子,这是辣椒种子优质高产的基础。一般宜选择光照充足、温度适宜,有一定的昼夜温差,果实成熟期降雨量适较少、无大风的较好自然环境生产辣椒种子。夏季温度太高,雨量过大或过于干旱的地区,通常不利于辣椒种子生产。我国有许多地区可进行辣椒种子生产,目前已形成较大规模种子生产技术较成熟的地区主要有:辽宁盖州市、内蒙古、山西忻州和原平、甘肃酒泉、安徽砀山县、江苏徐州地区、海南省(冬季南繁)等。

☞ 216.什么样的地块适于进行辣椒采种?

由于甜辣椒根系分布浅,既不耐旱,也不耐涝,采种田要选择排水良好的肥沃土壤为宜。要与茄科蔬菜实行 4 年轮作,更不能在土传病害多的土壤上生产种子。选择易于操作管理及隔离的地块,以节约成本和控制种子质量。辣椒为常异花授粉蔬菜,自然杂交率一般在 10%以上。为避免采种过程中发生品种之间的天然杂交,导致品种混杂退化,所以,采种时要求所选的采种田要与其他辣椒品种(采种或生产田)隔离,隔离的距离要在 800 米以上。

☞ 217. 采种辣椒田的日常管理与商品椒生产的有什么不同?

为提高种子产量和质量,应尽可能地采用育苗移栽的方法。最好采用前面所述的育苗方法育苗。如果条件差时,可采用阳畦等简易设备育苗,当早春露地能定植时尽早定植露地。为防止种子传染病害,播种前应进行种子消毒处理。消毒的方法很多,如温汤浸种法、磷酸三钠浸种法、硫酸铜浸种法等。将消毒过的种子用 30℃左右的温水浸种 12～24 小时,待种子充分吸水,将种子搓洗干净,装入催芽布袋中,放在 20～30℃条件下催芽。过 3～4 天后,30%～50%的种子胚根突破种皮时(发芽),即可以播种。催芽过程中要注意每日用温水清洗和翻动,以防种子霉烂。

播种应根据不同地区的气候条件选择适当的播期,华北可以在 1 月下旬至 2 月上旬播种,4 月下旬定植。每亩采种田需播种苗床 2～3 平方米,播种量 50～100 克,播种后用细土覆盖 0.5～1 厘米。幼苗生长缓慢,要维持较高的温度,促其生长,一般白天 25～28℃,夜间 15～18℃,土壤温度以 20℃左右最好,在 3 片真叶出现时进行分苗,分苗密度为 8～10 厘米见方。定植前 10～15 天,要开始幼苗锻炼。苗期还要注意防治蚜虫等危害。

辣椒为常异花授粉作物,如隔离不当会有 10%～20%的异交率,采种地必须和其他辣椒品种制种及商品菜生产田块隔离 800 米以上,如采种面积较小,可在用防虫网隔离的棚内繁殖。采种地要求肥力高、排灌方便、前茬非茄果类作物,最好是沙壤土。定植前施足基肥,深耕细耙,基肥一般每亩施入 5 000 千克厩肥和 25 千克左右磷肥。

露地定植均以晚霜期过后为标准。定植时要采用地膜覆盖的小高畦栽培，有利于提高地温，使幼苗定植后尽快发根生长。定植的密度大型的甜椒品种每亩 3 000～4 000 株，一般采用单株定植，大行距在 70～80 厘米，小行距40～50 厘米，以便于授粉等操作。采种田不能放松管理，要特别注意加强前期的管理。管理方法基本可参考露地辣椒栽培的内容。在第一批种果坐稳后，还要追施促秧。整个生育期要注意防治病虫害，进入雨季，要及时排涝。病虫害的发生，不仅造成种子产量和质量下降，同时易造成种子带病菌，所以，采种田也应加强病虫害防治。

218. 采种田如何及时去杂去劣？

及时地去杂去劣，是保证辣椒种子质量极为重要的工作。去劣是指去除生长不良、感染病虫害的植株或果实，去杂主要是根据株型、叶型、叶色、门花节位、幼果色泽、抗病性、果实大小、果实形状、果色、果柄、坐果率、单株坐果等是否符合本品种的特征特性严格去杂。以免繁殖的种子带病和造成品种退化。在整个生长期内，只要能鉴别植株的特性时均可进行去杂，特别是在开花授粉前必须进行一次严格的去杂去劣工作。一般去杂工作主要分 3 次进行：第一次是在定植后开花前进行，主要根据植株的形态和门花的节位等进行去杂，由于辣椒是常异花授粉，这次去杂对防止生物学混杂极其重要；第二次是坐果后青果成熟期进行，这一时期是充分表现本品种性状的时期，可根据植株形态，特别是果实的特性严格去杂，也是去杂的关键期；第三次去杂是采收种果时，即果实生理成熟时进行，主要是根据成熟果实的特性（如果形指数、果肉厚度、胎座大小、种子多少、风味品质等性状)去杂。

☞ 219.如何正确留采种果并进行采种?辣椒能亩产多少种子?

种株上留果的位置和数量,要根据气候和品种特性科学地进行。要使留的种果成熟期避免在雨季,以提高种子的质量和产量。在生长期较长时,对生长势较弱的早熟品种,可疏去门椒和对椒,增加四门斗以上的留果数。在生长期较短的地区或采中晚品种时可从对椒,甚至门椒开始留种。甜椒每株可留果 4～6 个,长辣椒类型品种可留 10 个左右的果实,小辣椒每株可留几十个果。

辣椒果实从开花到生理成熟一般需要 60 天左右。采种果时果实一定要变成红色彻底成熟才可采收。同一株上果实成熟期不同,应分期采收。采下的种果可进行 2 天左右的后熟,然后人工扒出种子。扒种时有病的果实或腐烂的果实应与好果分开,以保证种子质量。扒出种子不能用水洗,清除所有的杂质后,将种子铺在草席上放在通风阴凉处晾干。种子不能在水泥地上于阳光下暴晒。当种子含水量达到 8%以下时即可装袋,放在通风、干燥、阴凉处保存。种子贮藏期间要注意防潮、防热、防鼠及虫害。

辣椒因品种和采种地的气候条件不同,每亩种子产量相差较大。一般甜椒每亩可采 10～30 千克种子,而辣椒可采 15～40 千克种子。

☞ 220.怎样生产高质量的原种或杂种的亲本种子?

辣椒原种或亲本的生产应采取单株选择,分系比较,混系繁殖的方法,实行株行圃、株系圃和原种圃的三圃制。在纯度较高的群体内进行单株选择时，也可将株系圃同原种圃结合起来，即实行第一年株行圃选择鉴定，第二年株系圃生产原种的二圃制。

(1)单株选择：单株选择应在原种圃或纯度较高的种子田中进行。严格地选择植株、叶、花、果等主要植物学性状与原品种相符的单株。选择中注意考察其丰产性、抗逆性和熟性等综合性状。单株选择一般可分3次进行。第一次在开花期，着重株型、叶型和熟性等性状的选择，并多入选单株。入选的单株要摘除已开的花和结的果，然后进行隔离留种。第二次是在商品成熟期，在第一次选择入选的单株内淘汰果型、果色和品质等性状不符合要求的单株。第三次是在种果生理成熟期，在第二次入选的单株内淘汰丰产性和抗病性及果实特性不符合要求的单株。最后入选的单株分别编号，分别采种。

(2)株行圃：将上一生长季入选的单株种子，分别栽植于株行圃，株行圃分别设观察区和采种区。观察区主要是观察鉴别每一株系内各株的植物学性状，以及各株行圃的产量。观察区要求土壤、气候、管理等各种条件完全一致。各株行群体不能少于50株。要在门椒商品成熟期和盛果期进行两次纯度鉴定，逐株观察各种植株的特性。并结合丰产性、抗逆性、熟性、品质等综合性状观察。在一个株行圃内杂种率高于5%或与对照相比性状显著变劣者应全行淘汰。

采种区内只用于采种，所以，不同株行间要进行隔离。以观察区入选的株行为依据，在采种区内选留相应的株行采种。

(3)株系圃：将上一生长季入选的株行种子，分别种植于株系圃内。株系圃也设鉴定区和采种区。鉴定区是进行田间性状观察和纯度鉴定,包括产量等性状的鉴定。一个株系应种植 3～4 行(3～4 个重复),以本品种原种作对照,成对排列。栽培的生态条件要完全一致。观察鉴定方法与株行圃一样。杂株率高于 0.5%,或综合性状不如对照的株系应全部淘汰。根据鉴定区的观察结合,在采种区(株系间隔离)内选留相应株系混合种子。

(4)原种圃:将入选株系的种子,混合种植于原种圃,并按上述的方法严格拔除杂株,保证原种纯度在 99%以上。同时种植本品种的原种进行比较鉴定。

☞ 221.为什么要生产辣椒杂种一代?生产辣椒杂种一代种子的主要途径有哪些?

研究表明辣椒具有明显的杂种优势,优良的杂种一代可比常规品种增产 15%～40%,同时其抗病性、抗逆性和植株的长势方面均有不同程度的提高。我国最早育成的杂种一代品种为江苏省农业科学院蔬菜研究所与南京市郊区红花乡 1966—1972 年共同育成的早丰一号,该品种 20 世纪 70 年代末至 80 年代初在部分地区大面积种植。近年来育成的辣椒新品种绝大多数是杂交种,所以,辣椒品种的杂种一代化是必然的发展趋势。

目前,生产杂种一代种子的途径主要有人工去雄授粉和利用雄性不育两种方法,其中的雄性不育制种法又可分为细胞质不育型和细胞核不育型两种方法。最普遍的是采用人工去雄授粉的方法生产杂种种子。由于辣椒是常异花授粉蔬菜,利用雄不育生产杂种种子,可省去人工去雄,但仍应进行人工授粉,即其他操作方法与人工去雄授粉法基本相同。

222. 辣椒的花器构造、开花结果习性与杂交制种有什么关系?

花器构造:辣椒为两性花,大部分品种花单生,少数品种的部分节位(主要在1～2层)着生2朵花,有极少量小果型辣椒品种,每节着生3朵以上的花。一般品种花瓣和雄蕊有5～7枚,绝大多数品种花瓣为白色,极少量品种花瓣、花药、柱头带紫色。萼片绿色,不易脱落,雌蕊一枚,子房上位,一般为2～4心室。5～7枚花药成熟后各自在花药两侧纵裂,药壁向外翻转,散出花粉。在不同环境和营养条件下可形成长花柱花、中花柱花和短花柱花(图1),但以长花柱花坐果率最高,短花柱花不易坐果,所以,短花柱花不宜作杂交用。

开花、结果习性:开花以基部花先开,顺次向上陆续开放。一般花朵斜向下开放。正常气候下在上午6～10点开放,持续2天左右,以后花冠变褐、枯死、脱落。1个花药有2个药室组成,花冠开放时各花药两侧开裂,散出花粉,正常花的柱头高于雄蕊或相平,异花授粉的机会多,所以,辣椒为常异花授粉蔬菜,通过昆虫传粉。异交率与花柱的长短、株型有关,花柱短,叶量大,天然杂交率低,如茄门椒异交率低于5%;花柱较长,株型开展,叶片较小时异交率高,如长辣椒类型,花柱较长,大多高出雄蕊,天然异交率常高于20%。制种中要特别注意空间隔离,一般要求隔离500～1 000米以上。

高温干燥时,较早就开花,同时花药也开裂;在阴天、温度较低和湿度较大时,开花稍晚,花药开裂稍晚于开花,特别是长椒类型辣椒品种易产生开药晚于花朵开放的现象。

有些甜椒品种在高温和湿度小时，花冠开放前会出现花药先开裂散粉的现象，在杂交时不应选择此类花朵。

当天开花的花粉粒萌发率最高达60%以上，开花前1天的花粉活力次之，达50%～60%，开花前2天为21%左右，开花后1天最低为19%左右。甜椒花粉贮存在20～22℃，空气相对湿度为50%～55%条件下，生活力可维持8～9天。在空气干燥和有强光下花粉生活力急剧下降。所以，杂交制种时以采集当天的新花粉或贮藏1天的花粉生活力最强。

花粉粒萌发、伸长的适温是25～27℃，低于15℃或高于30℃均不利于花粉粒萌发。花粉落到柱头上（授粉）后8小时开始受精，14小时达到70%，24小时基本完成受精过程。柱头在开花前1天及开花后1～2天内均有受精能力，但以开花当天受精能力最强。空气干燥、湿度小时，结实率低，湿度较大时有利于坐果。对"茄门"甜椒的开花结果习性观察表明，茄门椒每株可开花50～70朵，平均坐果率为11.4%，前期坐果率较高，第1、2、3层坐果率分别为55%、47.1%、22.1%，第4层以上坐果率很低，整个生育期中仅23.5%的花为长花柱花，48%为素质不良的短花柱花，现蕾到开花需20天，开花到商品果成熟35～40天，开花后经60天左右种子成熟。

☞ 223.杂种制种时如何正确地确定父本、母本的比例，并进行花期的调节？

一般父母本种植的比例是1∶(3～4)。父母本要分别种植。母本按大小行定植，大行距适当加大，以利于授粉操作，一般采用单株定植，每亩定植3 000～4 000株。父本可适当密植，授粉结束后将父本拔除。

花粉粒萌发、伸长的适温是25～27℃，低于15℃或高于30℃均不利于花粉粒萌发。同时空气干燥不利于结实。所以，要根据当地的气候特点，通过调整播种期，使植株开花盛期处于最适环境下，提高坐果率和种子产量。

制种时要充分了解父母本的特性，特别是熟性的早晚和开花量。如果父本开花少，而母本花多，则要相应增加父本的比例。制种时父母本的花期一定要相遇，即使父母本均处于盛花期。花期的调节主要通过调节播种期进行，早熟亲本可适当晚播，相反，晚熟亲本可适当早播，具体早或晚播多少天，要根据亲本的具体熟性而定。

☞ 224. 杂交时采用什么杂交工具？

杂交制种前需准备好相应的去雄授粉工具。如镊子、花粉盒、授粉棒（用深色呢子卷在铁丝的一端，制成直径3毫米的小授粉棒）或授粉管（可用喝饮料的吸管，将一端封严，在封严端的管壁上打一比花的柱头略大的小孔）、酒精、脱脂棉和做标记的材料，有条件的可备干燥器和冰箱。

☞ 225. 杂种生产中如何进行去杂、去劣和选留果实？

做杂交前要根据父、母本的特性，严格地按前述的去杂去劣方法进行去杂去劣，选择生长健壮、无病的植株为母本。去杂去劣工作不仅在做杂交前进行，而且在杂交完成后，也要根据母本的表现及时去杂去劣，以保证杂种种子的纯度和质量。

226. 母本去雄杂交宜选择哪些花为宜?

去雄时根据亲本特性和气候、栽培方法、劳力等条件，选择最适宜的授粉花朵层次。杂交用的花朵以选择第 3 层以上花为好。这些层花营养较好，环境条件适宜，坐果率高，种子发育好，种子产量也较高。6 层以上花朵，因气候条件及生长期的限制，坐果差，种子不易充分成熟，所以，不宜选用(如果生长季节长，也可以做杂交)，而门椒坐果率和种子产量低，且坐果易造成坠秧，也不宜选用。

227. 杂种种子生产中母本怎样去雄?

杂交的花朵宜选用当天即将开放或第二天将开放的花朵。畸形花和短花柱花坐果率极低，不能作杂交用，应选用素质好的长花柱花或中花柱花。

适宜的去雄时间是在花粉还未成熟散出之前，此时花朵的花冠已变白，花朵快要开，但还未开放之前，此时花药还未开裂。在日温超过 30℃时，下午 5 时以后去雄效果较好，上午或中午去雄效果差(柱头上的分泌物易干燥)。去雄时用镊子尖端把花瓣轻轻拨开，然后用镊子夹住花丝，“侧挑”、“上提”夹断花丝去除全部花药。去雄时避免碰伤柱头和子房，去雄要彻底。

有的甜椒品种会出现“雄蕊先熟”现象，即在花朵开放前花药已开裂，散出花粉，这种花不宜用于杂交，应及时摘除。

由于辣椒是常异花授粉植物，如果不及时和彻底地去雄，就可能发生自交，产生“假杂种”。对来不及去雄的花朵要在当天开花前全部摘除。

228. 如何采集父本的花粉，并进行必要的贮藏？

当天收集的花粉萌发率最高，可在早晨露水干后，将当日开放的花朵摘下，取出花药收集新鲜花粉。但当天收集花粉再授粉，操作紧张，且当天刚开放的花朵，花粉易散落，收集新鲜花粉较困难。所以，一般在授粉的前一天下午，将第二天要开放的父本花朵摘下，取出花药，放在干燥的地方（如干燥器中），第二天早晨花药开裂散出花粉，就可收集花粉，供授粉用。这种方法花粉收集较容易，花粉量大，授粉后坐果率和种子数量与当天开放花朵上取的花粉授粉者相似。

花粉在常温下贮藏 2 天萌发能力显著下降，而在 5℃低温、干燥、黑暗的条件下可贮藏 13 天，仍具有较高的萌发能力。所以，在父本开花盛期可尽可能多地采集花粉，贮藏备用。

229. 如何进行授粉和做标记？

去雄的花朵经 1～2 天即可开放，此时授粉坐果率最高，种子数量多，是授粉的最佳时期。授粉以上午 8～10 时最好，宜选择无风、气温 20～28℃、相对湿度 50%～65%的晴朗天气进行。早晨要在露水干后进行。授粉时可用授粉工具取父本花粉轻轻涂在母本柱头上，授粉的花粉量要充足，且均匀涂在柱头表面。花粉密集时有利于提高坐果率、花粉萌发率和种子产量。授粉如遇雨天要重复授粉 1 次。授粉后的花朵用铁丝或丝带等在果柄上做标记，也可以通过摘除萼片做标记。

甜椒花期集中,花量较少,授粉期较严格,应在适宜授粉期内集中力量授粉15～30天。辣椒花期较长,可延长授粉时间。

230.授粉过程中和授粉结束后如何管理以保证种子的质量?

母本植株上,授粉过程中来不及去雄的花应在开花前全部摘除。授粉结束后10天内,要继续摘除授粉层以上的高层位花蕾,并打去顶尖,促进杂交果和种子的发育。

231.怎样采收杂交果和杂交种子?

授粉坐果后50～60天,杂交果由绿变红(或变黄)充分成熟时分期采收,采收时一定要采收有杂交标记的果实。具体采种方法可参考上述常规品种采种的内容。

232.如何利用细胞质不育三系配套生产辣椒杂交种子?

利用雄性不育系繁殖一代杂种,可以避免人工去雄所需的大量劳力,而且避免了去雄不及时、不彻底所造成的假杂种。利用细胞质遗传的雄性不育系制种时至少需要两个隔离区,即亲本(不育系、保持系和恢复系)留种区和杂种种子制种区。

(1)不育系、保持系和恢复系留种区:在不育系、保持系留种区内繁制不育系及保持系。以不育系为母本,保持系为父本,按一定比例如(3～4)∶1种植,对不育系用保持系上的花粉人工辅助授粉,不育系上采收的种子仍为不育系,供配制一代杂种及自身繁殖用。保持系上采的自交种子即为保持系。采收时要严格分别采收，不可混杂，花期注意鉴定不育系的不育度，一旦发现不育系群体内有可育株，要分析原因，采取措施，并及时拔除。恢复系在另一隔离区内自交采种即可。

(2)杂交种子制种区：在此区内繁殖一代杂交种。以不育系为母本、恢复系作父本，按(3～4)∶1种植，花期人工辅助杂交，不育系上采收的种子为一代杂种，供生产使用，父本系上采收的仍为父本系，供下轮配制杂种用及自身繁殖用(实际当前制种中均将父本在授粉结束后拔除)。

两个隔离区均需人工辅助杂交授粉，各系采种中除了不用人工去雄外其他管理可参照上述的人工杂交制种方法进行。在播种、育苗、定植、肥水管理、植株调整、授粉采收等技术环节上，要特别注意使双亲花期相遇，并严防生物学及机械混杂。

233.如何利用细胞核不育的两用系生产辣椒杂交种子?

利用细胞核遗传的雄性不育两用系生产杂交种时也至少需要两个隔离区，即亲本(两用系和恢复系)留种区和杂交种子制种区。

(1)两用系和恢复系留种区：在隔离区内种植雄性不育两用系，用两用系中的50%不育株作母本，两用系中的50%可育株作父本，进行人工辅助授粉，从50%不育株采收的种子仍为两用系，供配制一代杂种及自身繁殖用。另50%可育株在完成授粉后种子成熟前全部拔除。在另一隔离区内种植恢复系，自交采种即可。

(2)杂交种子制种区：在此区内繁殖一代杂交种。以两用系为母本、恢复系作父本，按(6～8)∶1种植，母本开花前或开花初期彻底拔除其中的50%可育株。以两用系中留下的50%不育株为母本，花期人工辅助杂交，从不育系上采收的种子为一代杂种，供生产使用。父本系上采收的自交种子仍为父本系，供下轮配制杂种用及自身繁殖用(实际当前制种中均将父本在授粉结束后拔除)。

两个隔离区的其他管理方法与人工去雄授粉的相同。

二十、辣椒的简易贮藏

☞ 234. 采前因素对辣椒耐贮藏性有什么影响？

不同品种对辣椒果实的耐贮性有显著的影响。用于贮藏的辣椒应选择皮坚厚，肉厚，果大，光亮和色浓绿，心腔小的较耐贮的品种。

辣椒栽培期多施磷、钾、钙不仅有利于提高辣椒的产量和品质，也有利于提高耐贮性。采收前 7～8 天不宜再浇水，以增加采后的耐贮性。加强田间病虫害防治，生长期间果实等发生病害，果实贮藏期间易腐烂，另外，采收前 10 天左右喷广谱性杀菌剂，有利于防治贮藏期间发生病害。

用于贮藏的辣椒，必须在初霜到来之前采收，也不能在有软腐病发生的地块采收，成熟期过熟的果实易在贮藏中变红，变软，风味变劣；而不成熟的嫩果，贮藏中易脱水干缩；果实表面不能有损伤。果柄劈裂的要淘汰（用剪刀或刀片割果柄）。

☞ 235. 采后处理有哪些内容？贮运前如何进行低温预处理？

辣椒果实收获后，需经一系列的采后处理步骤，如挑选、修整、分级、包装，然后进行预冷处理，才能进行贮藏或经运输后作为商品进入流通领域。要严格剔除有病、虫伤害的果实，并按商品质量标准进行分级。我国甜椒商品质量标准分为一、二、三等级，每级依果重分别分为特大、大、中、小四级，各等规格可参考中华人民共和国国家标准GB 10594—89。对包装容器国标也有相应的规定，包装上要标明品名、等级、重量、净重、产地、生产者、包装日期等。

国标规定，甜椒果实温度达到18～20℃必须快速冷却到8℃，才能进入运输流通。低温预处理的主要作用是降温、杀菌。在各种温度较低(最适温度为7～9℃，90%湿度)的环境下降低果实的温度至8～9℃。同时用多菌灵等农药喷洒，喷药宜在采收后3天内进行才有较好的效果。

236. 辣椒果实贮藏的适宜温湿度是多少？冷害的症状是什么样的？

最佳的贮藏条件是温度7～10℃。低于6～7℃就有冷害产生，冷害的症状为表皮发生水浸状凹陷，种子与萼部变褐。高于10℃则辣椒衰老很快，迅速转红，影响辣椒的贮运品质。

辣椒果实内部是空腔，失水后易变软、皱缩，所以，保持水分使果不变形对保持辣椒的商品性非常重要。辣椒贮藏适宜的相对湿度为90%～95%。可采用聚乙烯薄膜保湿。

237. 辣椒果实贮藏可采取哪些简易方法？

(1)埋藏法：选地势干燥的地方，东西向挖宽1米、深1～2米的贮藏沟，深度以超过当地冻土层为度。沟底铺一层沙土，辣椒采收后不经预处理，直接入沟，一层辣椒一层沙子或稻壳，厚度不超过50厘米。也可装筐入沟，筐上盖一层稻壳等覆盖物。贮藏过程中分2～3次覆盖木屑、稻壳等轻质防寒物。贮藏期间严防漏水。要保证沟内温度不低于 6～7℃为准。每隔 15 天左右，检查倒动 1 次，挑出烂果。此法可贮藏 2 个月左右。

(2)窖藏法：经预处理的果实，经挑选、消毒后装筐，放入贮藏窖内贮藏。调节窖内温度在 10℃左右。每周倒筐 1 次，选出不能再贮藏的果实。此法可贮藏 3 个月。

在这些贮藏过程中结合薄膜小包装(10 千克)，进行保湿和调节袋内的气体组成，贮藏效果更好。

二十一、辣椒病虫害及其综合防治

☞ 238.如何贯彻“以防为主，综合防治”的原则？

辣椒病虫害的有效防治是优质丰产栽培的基础。辣椒生产者应该对主要病虫害危害的症状、发生规律有所了解，才能进一步正确地采取“以防为主、综合防治”的方法，积极有效地防治各种病虫害。辣椒栽培中经常发生的病害主要有猝倒病和立枯病、病毒病、疫病、炭疽病、疮痂病等，虫害主要有白粉虱、蚜虫、茶黄螨、美洲斑潜蝇等。综合防治过程中要积极采取各种科学的农业栽培措施、生物和物理的防治方法，避免和减少病虫害的发生，合理使用化学农药，降低成本和减少农药污染。

(1)农业防治：农业防治是结合栽培过程中的各种措施来避免、消灭或减轻病虫害的方法。它是最经济、最有效的防治病虫害的措施。科学的栽培技术可给辣椒创造最适宜的生长发育条件，使辣椒植株生长健壮，提高植株的抗病、抗虫性，同时创造不利于病虫害生长发育的环境条件，控制病虫害不发生、少发生和控制发生的范围。农业防治贯穿于整个辣椒栽培和生长过程中，各个环节要严格控制，使病虫害的影响降到最低程度。主要方法是：①采种、引种和种子处理。采种应从无病的地块和无病株上采种，以避免种子带病菌。引进种子时要尽可能地从无病区引种，以减少种子带病菌的可能性。播种前应对种子进行消毒处理,可采用温汤浸种或药剂处理杀死种子所带的病菌。②选用适于当地条件的抗病品种。这是相当重要的,品种选择合理,可在减少投入的情况下增加收益。③耕地和轮作换茬。前茬作物收获后应及时进行深耕晒垡或冻土,以利于消灭土壤中的病虫害,降低病源和虫口;同一地块不要连种辣椒或其他茄果类蔬菜,最好实现非茄果类蔬菜3年左右的轮作。④搞好田间卫生。辣椒的许多病虫均在病残体、根、杂草等上越冬或越夏。所以,换茬时必须彻底清园,清出的残茬深埋或烧毁;栽培过程中有的病虫害从某株或小片开始发生,可及时拔除病株或摘除病叶等方法,减少再侵染的病原菌。⑤改善田间小气候。特别在保护地中可采取各种措施降低空气湿度,控制温度,使温湿度有利于辣椒生长,但不利于病虫害的发生和蔓延。保护地中可通过地膜覆盖,膜下滴灌,膜下浇暗水,加强通风等方式来达到控制温度和湿度的目的。⑥科学施肥。多种元素的肥料要平衡施肥,有机肥和化肥要配合施用,避免偏施氮肥。合理地施肥有利于提高作物对病虫害的抗性。

(2)生物防治:充分利用有益的微生物和昆虫来防治辣椒病虫害,且可减少污染,有益于生产者和消费者的健康。辣椒生产中可结合生物防治,如使用菌肥(既可增产,又可防病)、链霉素、新植霉素等防治疮痂病,丽蚜小蜂防治白粉虱等。

(3)物理防治:物理方法一般成本低,简单易行,是一种很有效的方法。如利用黄色诱杀蚜虫和白粉虱,银灰色避蚜等,在辣椒生产中均很有应用前景。

保护地栽培过程中还可通过高温闷棚及高温消毒土壤的方法来杀死病原菌、虫卵等。种子的温汤浸种均是行之有效的物理防治方法。

(4)化学防治:化学药剂防治病虫害虽要增加投入,且有一定的污染,但由于药剂防治效果好、快速,所以仍是目前最常用的方法之一,特别是在病害大量发生和蔓延时必须采用化学防治手段。主要方法是:①种子处理。利用药剂浸种、拌种和闷杀种子上所带的病菌和虫卵。②床土和育苗用具消毒。③幼苗移栽时喷药,防止幼苗把病虫带到栽培田中。常在定植前2～3天,在育苗床内对幼苗喷洒杀虫剂和杀菌剂。④定植前土壤和保护地设施消毒。常年使用的保护设施和连作的土壤病虫害多,应采用化学和物理的方法消毒处理。⑤充分掌握病情和虫病变化,根据天气变化及时进行预防和在发病初期防治,效果较好。根据病虫情发生规律,及时在病虫未发生或发生初期喷施农药,防治效果最好。⑥正确选择农药。正确地选择农药这是极为重要的,否则会适得其反。不同的病虫害应选用不同的药剂。虫害应选用杀虫剂;真菌性病害应选择杀真菌的杀菌剂;而细菌性病害应选择杀细菌的杀菌剂;而生理性病害,只能通过改善环境条件和肥水管理等措施解决。所以化学防治时必须明确病虫害性质和农药的特性,才能对症下药,取得好的效果。⑦喷药的质量要保证,施药时间要科学。喷洒时,喷头与辣椒的距离不能太近,一般在0.4米,喷洒要均匀,覆盖完全,特别是非内吸型农药,必须喷洒彻底覆盖,叶正反面、老叶和新叶均要喷到,雾化要好。选择无露水无风的晴天,中午高温强光时不能喷洒。⑧药剂的浓度和药剂的交替使用。一般情况下药剂浓度越高,效果越好。但浓度高后易产生药害,所以必须经实验后才能改变或提高浓度。另外,在防治过程中应用几种农药交替使用,如果只用一种农药重复使用,很易产生抗药性,防治效果差。

⑨改变施药方法，提高施药效率和效果。如可在早晨露水未干前进行喷粉；于傍晚将保护地的通风口、门窗等关闭后进行熏烟等。既省工，效果又好。

☞ 239. 怎样防治辣椒苗期猝倒病?

(1)症状：猝倒病又称绵腐病，是辣椒苗期较易发生的病害，特别是子叶期幼苗最易染病。初染病时在茎下部靠近地面处出现水浸状病斑，像被开水烫过似的，很快变成黄褐色，当病斑蔓延至茎一周时，茎基部缢缩变细线状，常常是子叶还未凋落，幼苗便倒状。病势发展迅速，苗子会出现成片倒状死亡。倒状的幼苗短期内仍为绿色，湿度大时病株附近长出白色棉絮状菌丝。该病菌侵染果实导致绵腐病。

(2)发病条件和规律：猝倒病是由瓜果腐霉菌侵染引起的真菌性病害。病菌生长的适宜地温是15～16℃，温度高于30℃受到抑制。当地温为10℃时病菌就可生长发病。所以，育苗期间出现低温、高湿时易发病。辣椒猝倒病菌可在有机质多的土壤中或病残体上进行腐生生活，并可成活多年，它是猝倒病发生的主要侵染源。病菌靠土壤中水分的流动、农具及带菌的堆肥等传播蔓延。辣椒出土后子叶期最易发病。子叶期胚中养分已耗尽，真叶还未长出，新根未扎实，胚轴还未木栓化，此时遇不良天气，最易感染此病害。特别是育苗设施内通风不良，阴、雨、雪天又经常不揭覆盖物，使幼苗养分消耗过多，生长弱，幼苗过于幼嫩时，更易发生猝倒病。苗床最易积水或棚顶滴水处，常最先出现发病中心。3片真叶后发病较少。

(3)综合防治措施：①改善和改进育苗条件和方法，加强苗期温湿度管理,预防猝倒病的发生。育苗应选择地下水位低、排水良好的地作苗床,施入的有机肥要充分腐熟。可采用快速育苗、营养方育苗、营养钵育苗、无土育苗等相结合的方法,来防止猝倒病的发生和蔓延。种子要消毒。育苗期间创造良好的生长条件,增强幼苗的抗病能力。苗床要整平。幼苗开始出土后加强通风换气,降低湿度,及时覆土,提高地温,促进根系发育,增强幼苗的抵抗力。育苗期间苗床温度控制在20~28℃,地温保持在16℃以上。出苗后尽可能少浇水,必须浇水时宜选择晴天进行,忌大水漫灌。在连阴、雨等天气也要注意揭去不透明覆盖。育苗中在温度保证的情况下要坚持中午前后进行短时间通风换气。如果保护地内温度过低,无法进行通风时,可采取临时加温的方法,提高保护设施内的温度,再进行通风换气。连阴天后突然大晴天应采取“回席”管理。②床土消毒:最好应选择无病的新土作床土。沿用旧土时,可用甲霜灵、代森锰锌、多菌灵等药剂消毒。药剂消毒可以浇底水的方式,在底水浇后基本渗入时喷灌到育苗畦或育苗钵中。或将农药与细土拌匀,当底水浇好水渗下后,将药土撒在畦面上,播种后也用药土覆盖。多菌灵等用药量一般为每平方米10克,药土的1/3作垫层,另2/3药土作覆土。③药剂喷洒与浇灌防治:苗床未发病前应用多菌灵、百菌清等药剂进行预防。发病初期可喷洒25%甲霜灵800倍液、72%普力克400倍液、64%杀毒矾500倍液、40%乙磷铝200倍液、25%瑞毒铜1 200倍液、多菌灵500倍液、75%百菌清600倍液等药剂。尽快清除病苗,甚至病株周围的病土,并烧毁病株,发病处(初发中心)直接用50~60倍的高浓度药液浇灌,以控制病害的蔓延。

☞ 240.怎样防治辣椒苗期立枯病?

(1)症状:发病初期,白天幼苗叶片萎蔫,晚上和清晨可恢复,病苗茎基部产生暗褐色椭圆形病斑,且渐渐凹陷,进一步扩大绕茎一周时,茎基部萎缩,叶片萎蔫,且不能恢复原状,最后幼苗干枯。枯死病苗多立而不倒,湿度大时,病苗上形成淡褐色蜘蛛网状的菌丝,苗床上病害扩展较慢,这些与猝倒病有显著的区别。

(2)发病条件和规律:立枯病是由立枯丝核菌引起的真菌性病害。病菌发育适温为24℃,最高40～42℃,最低13～15℃。高温高湿有利于发病和蔓延。病菌腐生性较强,在土壤中可存活2～3年,所以,带菌的土壤和病残体是主要传染源。主要通过流水、农具和带菌的有机肥等传播。当使用带有病菌的未消毒的旧床土育苗,或施用未腐熟的有机肥,在苗床温度较高和空气不流通,幼苗发黄时,易发生立枯病。立枯病是春季辣椒育苗中较易发生的病害之一。

(3)综合防治措施:①种子消毒。可用拌种双、多菌灵等药液浸种30分钟,然后洗净后催芽。②床土的消毒。可用甲霜灵、五氯硝基苯、福美双、代森锰锌、多菌灵等药剂处理床土,可用药液浇灌或将农药与细土拌匀后施入苗床。也可进行高温消毒床土。如埋设电热线的可将苗床升温至55℃维持2小时,或密闭保护设施,并人工和太阳光加温到50℃,坚持3天以上再通风。③喷洒与浇灌防治。发病初期可喷洒普力克、瑞毒铜、多菌灵、利克菌、甲基硫菌灵、百菌清等药剂。或直接用药液浇灌。可参考猝倒病的防治。④加强育苗期的管理。幼苗出土后加强通风等管理,加强幼苗锻炼,防止幼苗徒长,避免苗床温湿度过高。

☞ 241.怎样防治辣椒病毒病?

辣椒病毒病是影响辣椒生产的最主要病害之一,特别是在甜椒上常造成落叶、落花、落果,是露地甜辣椒减产的主要原因,保护地辣椒(包括遮阳越夏栽培)病毒病发生比露地略轻。

(1)症状:辣椒病毒病危害时可表现出多种症状,常见的有 5 种:①轻花叶型。初期叶脉呈现轻微退绿,并出现浓淡相间的花叶斑纹,植株没有明显的矮化,不落叶,也无畸形叶片或果实。②重花叶型。病叶除表现轻花叶外,叶脉出现皱缩、不平,生长缓慢,植株矮化,辣椒果实瘦小并出现深浅不均的斑纹。③叶片黄化型。病叶明显黄化,并有落叶现象。④坏死。病株一部分组织坏死,具体表现为条斑、环斑、生长点枯死等。⑤畸形。病株出现畸形,如线状叶片,植株矮小,分枝呈丛生状等。

不同的病毒种类引起的症状略有区别。不同的症状有可能在同一病株上发生,严重为害辣椒的花、叶、果、茎,对辣椒的产量和品质造成严重影响。在田间的病株以表现花叶、畸形和生长点坏死为多。在我国可引起辣椒病毒病的病毒有 8 种:黄瓜花叶病毒(CMV)、烟草花叶病毒(TMV)、马铃薯 X 病毒(PVX)、马铃薯 Y 病毒(PVY)、蚕豆萎蔫病毒(BBWV)、苜蓿花叶病毒(AMV)、烟草蚀纹病毒(TEV)、烟草脆裂病毒(TRV)。CMV 和 TMV 检出率最高,盛发期 CMV 占 50%～80%,TMV 占 10%～30%,所以,CMV 和 TMV 是我国辣椒生产上的主导毒源,占 80%以上。

近年来推广的新品种大多抗 TMV,而对 CMV 抗性较差。所以，近年来为害辣椒的病毒种群有所变化。监测表明：近年来 TMV 危害有下降趋势，CMV 危害有所上升，TMV 和 CMV 复合侵染比例也逐年上升，PVX、PVY、TEV 等病毒在局部地区危害有上升趋势，特别是 PVX 在辣椒生产的中后期，部分地区其检出率可高达 20%以上。

(2)主要病毒在田间的消长规律为：TMV 发生较早，6 月中、下旬前 TMV 比率较大，6 月中、下旬后 CMV 逐渐增多，7 月下旬和 8 月中下旬出现两次发病高峰，并有复合侵染，9 月份仍以 TMV 为主。

(3)发病条件和规律：高温、干旱、日照过强等气候条件下，辣椒抗病性下降，易引起病毒病的发生，而在这种不利的条件下，有利于蚜虫的发生、繁殖，而蚜虫是传播病毒病的主要途径之一，所以，在这些不利的条件下造成病毒的发生和迅速蔓延。辣椒植株生长不良，植株矮小，定植晚、栽培土质不良、地洼等，均易发生病毒病。与茄科蔬菜连作也易发生病毒病。一般甜椒品种易发生，辣味的尖椒品种抗性相对较强。

病毒病的传播主要靠昆虫传播，另一条主要是接触传播，各种接触，如农事操作的工具和人员均可传播。辣椒的种子皮中也能带毒。

(4)综合防治措施：病毒病发生后不易防治，所以，应采用农业综合防治措施来预防或减轻病毒病的危害。主要方法：①选用抗病或耐病品种。近年育成的一些杂交种，一般均抗烟草花叶病毒，耐黄瓜花叶病毒或同时抗黄瓜花叶病毒。如农大 99-1 号、农大 99-7 号、农大 99-21 号、农大 99-23 号、农大 99-25 号、农大 40 号、农发、农乐、中椒 4 号、中椒 6 号等。②培育无病适龄壮苗。从无病株上采种，播种前将种子充分搓洗干净，并用 10%磷酸三钠浸种 30 分钟，然后用清水充分洗净后备用。育苗期间要注意防蚜虫，减少病毒病传播。③加强田间管理，增强植株对病害的抗性。如精细整地、施肥；覆盖地膜、双株定植，合理密植，适当早定植；定植后加强中耕、浇水等管理，促进早发根早发秧，在6月中旬前封垄；越夏期间加强肥水管理，防止早衰等。④整个栽培过程中要及时防治蚜虫、白粉虱等虫害，以减少病毒病的传播。⑤接种 CMV-S_{52} 弱病毒疫苗和喷施病毒增抗剂。在定植前15天，用 CMV-S_{52} 弱病毒疫苗接种于叶片，提高植株免疫力。在幼苗定植前和栽培过程中喷施病毒增抗剂（如 NS-83 增抗剂等），既可诱导植株产生耐病性，又能刺激植物生长发育，达到防病增产的效果。⑥与玉米等高秆作物间作。每3垄间作1行玉米，可降低直射光的强度，有利于减少病毒病的发生。

242. 辣椒栽培中死秧（疫病）怎样防治？

（1）症状：我国各地均有发生，特别是在保护地中发生越来越严重，有时甚至造成绝收，疫病是辣椒生产中最具威胁性的毁灭性病害。属真菌性病害。辣椒从苗期至成株期的各生育期和各部位均能发病。幼苗期发病时，茎基部出现水浸状、暗绿色病斑，逐渐形成梭形大斑。受害部位缢缩，呈褐色，幼苗枯萎死亡，幼苗也可因软腐而倒伏。在湿度大时病部长出白色霉状物。叶面受害时产生大块水浸状病斑，大多为圆形或近圆形，直径2～3厘米，病斑边缘黄绿色，中间褐色，发病迅速，叶片转黑褐色而枯缩脱落。成株茎、枝部发病时，病斑为水浸状，很快发展为长形黑褐色病斑，可绕茎、枝一周，边界清楚，病斑略凹陷，使上部叶片迅速凋萎、脱落，枝条皮层软化而腐烂。辣椒果实发病时一般由果蒂处开始出现水浸状病斑，暗绿色，逐渐向果柄、果面扩展，病斑很快变褐色，腐烂，有时出现褐色同心轮纹。当湿度大时，病斑表面可出现白色霉层，病果可脱落。辣椒疫病在初夏发生时，多在茎基部或茎分杈处变黑，逐渐蔓延。而在茎未充分木质化前发生疫病，易使植株倒伏，死亡。

(2)发病条件和规律：在 25～30℃，空气湿度 85%时，发病迅速。在适温内，湿度越大，发病越重。当有 4～6 小时水滴存在，就可引起疫病的发生流行。病菌侵入植株后潜伏期只有 2～3 天。大雨过后天气暴晴，病害发生迅速，病菌 2～3 天就可发生一代。所以，疫病是一种发病周期很短、流行速度很快的毁灭性病害。在灌水过多，土壤黏重，根系生长不良时，发病重。干燥条件下不利于病菌的生长。病菌在病残体上于土壤或粪肥中越冬。所以，重茬地病菌多，发病严重。病菌可借灌水、空气流动和风雨传播蔓延。

(3)综合防治措施：①抗、耐病品种的选用。品种间抗性有一定差别，应选择抗性相对较强的品种。②选用无病土育苗或苗床进行消毒，浸种时进行种子消毒，培育无病壮苗。③栽培措施。选择黏性不重的土壤栽培辣椒。加强土壤改良，细致整地，采用小高畦栽培；采用地膜覆盖栽培，减少田间湿度；合理灌溉，不大水漫灌；发病严重的地块一定要进行 3 年以上的轮作；田间有少量发病时及时拔除中心病株，灌药消毒，清除田间病残体并烧毁。保护地中栽培要注意防治高温、高湿。④药剂防治。用 70%乙磷锰锌 500 倍液、72%的普力克水剂 600 倍液、75%百菌清 500 倍液、64%杀毒矾 500 倍液、50%的甲霜铜 600 倍液、40%的乙磷铝 300 倍液等药剂喷洒防治。各种药剂应交替使用。在地上部植株喷药的同时，还可用 25%的甲霜灵 500 倍液、40%的福美双(或与甲霜灵 1∶1 混合使用)、70%的敌克松 1 000 倍液等药剂灌根。每株灌 200～250 毫升，5～10 天灌 1 次，连续使用 3～4 次。

243. 怎样防治辣椒疮痂病？

辣椒疮痂病也称细菌性斑点病。可造成大量落花、落果、落叶。在湿度大的地区或多雨的季节易发生。

（1）症状：病菌主要侵染叶片，茎和果也有发生。叶片发病时，初期出现许多圆形或不规则水浸状褐色斑点，有时有轮纹，病斑边缘暗褐色稍有隆起，中间略有凹陷，颜色稍浅，病斑粗糙，呈疮痂状。病斑大小一般为 0.5～1.5 毫米，数量多时可连成大斑，叶缘叶尖变黄，叶柄开始产生离层，叶片脱落。如果病斑沿叶脉发展，则叶片出现畸形。茎部或果柄染病时出现不规则暗褐色条形病斑或斑块，并逐渐木栓化或纵裂成疮痂状。果实染病可产生圆形或长圆形黑褐色隆起的病斑，边缘常有水浸状晕环，病斑边缘有裂口呈疮痂状。湿度大时，疮痂中有菌脓溢出。

（2）发病条件和规律：细菌性斑点病是细菌性病害。病害发生的适宜温度为 27～30℃，空气相对湿度 90％以上有利于发病。病菌在 5～40℃内均可生长。病菌在 59℃下 10 分钟即可致死。高温高湿是诱发疮痂病的主要条件，所以，此病常在多雨的 7、8 月份发生，长江中下游地区发生普遍。病菌可在种子上或随病残体在土壤中越冬，成为初侵染源。借雨水、农事操作传播。

（3）综合防治措施：①选用抗病性较强的品种。②采种和种子处理。采种时选无病株的植株留种，以免种子带菌；播种前进行种子消毒处理。可用 55℃水浸种 15 分钟，或用次氯酸钙 300 倍液浸种 0.5～1 小时，0.1％的硫酸铜浸种5分钟,或用1∶10的农月硫酸链霉素液浸种30分钟。浸种处理完后冲洗干净再催芽播种。③加强田间管理。2年以上轮作,育苗土不能带病菌,避免土壤中带病菌使幼苗或植株发病,栽培中要注意降低温湿度。④喷药防治。可用农用(医用过期也可)链霉素4 000倍喷雾,4 000～5 000倍新植霉素喷洒。发病初期可用30%DT(琥胶硫酸铜)可湿性粉剂400倍液、60%琥·乙磷铝(DTM)可湿性粉剂500倍液等农药喷雾。7～10天喷1次,连续喷3～5次。还可用细菌灵片、福美双、百菌通、甲霜铜、波尔多液、代森锌等药剂喷雾防治。另外,还可用10%乙滴粉尘、5%百菌清粉尘、10%脂铜粉尘,于发病前或发病期间喷粉防治,1 000平方米用药约1.5千克,7天左右喷1次。

☞ 244. 怎样防治辣椒炭疽病?

(1)症状:主要为害果实和叶片。叶片染病时,首先出现水浸状退绿斑,并逐渐成为褐色,中间为灰白色的圆形病斑,上面轮生黑色小点,病叶很易脱落。果实被害时,初期呈水浸状病斑,很快扩大呈圆形或不规则形,凹陷,有稍隆起的同心轮纹,病斑边缘红褐色,中央灰色或灰褐色,同心轮纹上有黑色小点。当湿度大时,病斑上产生粉红色黏稠物,干燥时病斑常干缩开裂。

(2)发病条件和规律:炭疽病为真菌性病害。病菌可随病残体在土壤中越冬,病菌也可附着在种子表面,田间架材和设施也可带菌,这些均是来年病害的初侵染源。在多湿的保护地和露地雨季发病较多,借风雨传播。适宜发病的温度范围较大。病菌生长在最适温度27℃,湿度在95%以上时,发展迅速。湿度小于70%时常不发病。

(3)综合防治措施:①种子消毒。将种子用50~55℃温水浸种15分钟,或用50%的代森铵500倍液浸种1小时、0.1%的硫酸铜浸种5分钟,然后用清水冲洗干净再催芽。②加强田间管理。选用抗炭疽病的品种;育苗时注意床土的卫生和消毒,可用多菌灵消毒床土,并用百菌清烟剂熏育苗用的温室及其农具和架材等;培育壮苗,提高幼苗的抗病性;栽培中要多施磷、钾肥,经常进行叶面施肥,增强植株抗性;及时清除病叶和病株,换茬时要清除干净残茬;发病重的地块要进行3年轮作。③药剂防治。可用50%适菌丹1 000倍液、20%代森锌200~300倍液、70%的代森锰锌1 000倍液、80%炭疽福镁800倍液、50%甲基托布津可湿性粉剂600倍液、75%百菌清700倍液、50%的苯菌灵粉剂1 500倍液、50%的多菌灵粉剂500倍液、双效灵300倍液,每7~10天喷洒1次,连喷3~4次,各种药剂可轮替使用。

另外,在保护设施内可用5%的百菌清粉尘、5%的克霉灵粉尘、12%的克炭灵粉尘进行喷粉防治,效果更好;还可用45%的百菌清烟剂熏。

245. 怎样防治辣椒灰霉病?

(1)症状:不但可为害幼苗,保护地中还可为害成株、花、果等。发病的幼苗子叶退色发黄,发病处逐渐呈灰白色水浸状。组织软化坏死直到腐烂。病叶表面产生大量的灰褐色霉层。真叶叶片上的病斑呈"V"字形,并有浅褐色的同心轮纹。后期在被害的果、花托、果柄上也长出灰色霉状物。

(2)发病条件和规律:灰霉病是由灰葡萄孢菌引起的真

菌性病害。灰霉病喜欢较低的温度和较高的湿度，发病适温为18～23℃，空气湿度在90%以上，易发病。当气温高于30℃，低于4℃，空气湿度在80%以下时不易发病。春季阴雨天，湿度大时易发病。病菌最易从幼苗子叶、下部真叶的结露叶缘开始侵染。病菌在病残体上于土壤中越冬，翌年可随气流、水溅和田间农事操作传播蔓延。

(3)综合防治措施：①栽培措施和保护地内环境控制。种子和育苗床土要进行必要的消毒。苗床要注意通风排湿，使空气湿度在80%以下，温度控制在白天26～30℃，以减少病害的发生。采用高畦地膜覆盖栽培，灌暗水，有条件的可采用滴灌，不漫灌浇水，防止田间湿度过大。设施短时间可提高温度达33℃，可抑制病菌产生。日常管理中及时摘除病叶、病花、病果和黄叶，并清理干净随时深埋或烧掉。换茬时彻底清除田间病残体。②药剂防治。可用甲基托布津、扑海因、抗霉威、速克灵等农药喷雾防治；还可用百菌清烟剂、速克灵烟剂熏烟防治；也可用杀霉灵粉尘、灭克粉尘、百菌清粉尘等喷粉防止。

☞ 246.怎样防治辣椒白粉病？

(1)症状：主要为害叶片。发病初期叶片背面出现白色小粉点，后逐渐扩展，病斑呈圆形白粉状，严重时白粉连片，整个叶呈白粉状，叶片逐渐变黄、发脆，使叶片逐渐枯萎脱落。

(2)发病条件和规律：白粉病为真菌性病害。病菌的孢子在15～30℃内均可萌发和侵染。在20～25℃，湿度25%～85%易流行。主要靠风、雨传播。病害发生对湿度要求较低，湿度在36%～40%时就可侵染发病，即便湿度在25%,分生孢子也能萌发侵染。高温高湿和高温干旱交替出现时病害最易发生和蔓延。

(3)综合防治措施:①选用抗病品种。②药剂防治。可用2%农抗120水剂200倍液或2%武夷菌素200倍液等进行生物防治,在苗期和发病初期喷施效果很好。能用于白粉病的农药主要有15%的粉锈宁(三唑酮)1 000~1 500倍液、30%的特富灵粉1 500倍液、40%的多硫悬浮剂500倍液、50%的硫磺悬浮剂300倍液、20%的敌菌酮600倍液、50%的甲基托布津1 000倍液等,可在发病季节前进行预防和发病期喷施。7天左右喷1次,病重时4天1次,连喷3次,几种药剂可交替使用。还可用硫磺粉和百菌清烟剂熏烟防治,或用百菌清粉尘防治。硫磺的用量是:每立方米4克,加锯末8克,燃烧即可。③栽培措施。在设施栽培中要加强通风、透光,管理上避开适宜于白粉病发展的温、湿度。加强肥水管理。防止过于干旱和过湿,防止植株徒长或早衰,增强植株的抗病性。

247.怎样防治辣椒青枯病?

(1)症状:发病初期个别枝条叶片萎蔫,后扩展到整株。发病后植株叶色变淡,逐渐叶色变褐枯焦。病茎外表症状不明显,纵剖茎部,维管束变褐色,其横切面保湿后可见乳白色黏液溢出,此特征可与枯萎病、根腐病区别开来。

(2)发病条件和规律:青枯病为细菌性病害。当土温在20~25℃,气温30~35℃,湿度大时易发生和流行。特别是在大雨或连阴雨天后骤晴,气温迅速升高时易发病。酸性土壤易于流行。所以,常在高温多雨的南方发生,北方较少发生。病菌以病残体遗留在土壤中越冬。主要靠雨水、灌溉水及昆虫传播。从根部及茎的皮孔或伤口侵入。

(3)综合防治措施:①选用抗病品种。②药剂防治。可用14%络氨铜300倍液、77%休养得可500倍液、硫酸链霉素或72%的农用硫酸链霉素4 000倍液或50%敌枯双800倍液灌根。③栽培措施。实行轮作,改良土壤,使土壤略呈碱性。培育壮苗,少伤根。管理的温度上要避免适宜于青枯病发生和发展的温、湿度。

248.怎样防治辣椒日烧病?

(1)症状:日烧是强光照射果实引起的生理病害,主要发生在果实向阳面上。发病初期被太阳晒成灰白色或浅白色革质状,病部表面变薄,组织坏死发硬。后期腐生菌侵染,长出灰黑色霉层而腐烂。

(2)发病原因:为生理性病害。主要是果实局部受热,灼伤表皮细胞引起。在叶片遮阴不好,土壤缺水或天气干热过度、雨后暴热,易引起此病发生。

(3)防治方法:①选用叶量较大,互相能遮阴的抗日烧品种。②合理密植,采用双株定植,使叶片互相遮阴。③与玉米等高秆作物间作,减少直射太阳光,避免果实暴露在直射太阳光下。④栽培中要及时防止植株倒伏,以免植株倒伏使果实露出,暴晒发生日烧病。⑤加强田间管理,促进植株生长,在6月中旬前封垄。防止"三落",特别避免早期落叶。⑥采用网纱覆盖等,或遮阳网覆盖栽培。

249.怎样防治辣椒脐腐病?

(1)症状:脐腐病又称顶腐病。主要为害果实。被害果实于花器残余部及其附近,初现暗绿色水浸状斑点,后迅速扩大,直径 2～3 厘米,有时可扩大到半个果实。患部组织皱缩,表面凹陷,常伴随弱寄生菌侵染而呈黑褐色或黑色,内部果肉也变黑,但仍较坚实,如被软腐细菌侵染引起软腐。

(2)发病原因:为生理性病害。在高温干旱时易发生,水分供应失常是发生此病的主要原因。也有观点认为主要原因是生理性缺钙(含钙量在 0.2%以下)引起的。此外,氮肥过多,营养生长过旺,果实不能及时补充钙也会发生。

(3)防治方法:①栽培时采用地膜覆盖可保持土壤水分相对稳定,并能减少土壤中钙质养分的淋失。②栽培中要适时灌水,特别是在结果后要及时均匀浇水防止高温危害。③根外施肥,补充钙质。可叶面喷施 1%的过磷酸钙,或 0.1%的氯化钙,或 0.1%的硝酸钙等,隔 5～10 天 1 次,连续防治 2～3 次。

250. 怎样防治辣椒白粉虱?

白粉虱又名小白蛾。白粉虱在全国各地均有危害,特别是在保护地较多的地区终年为害。为害时主要群集在叶片的背面,以刺吸式口器吸吮辣椒的汁液,被害叶片退绿、变黄,植株长势衰弱,成虫和若虫分泌的蜜露,堆积在叶片和果实上,易发生煤污病,影响光合作用和降低果实的商品性。白粉虱的各种虫态均可在温室辣椒上越冬或继续为害。成虫常雌雄成双并排栖于叶背,成虫羽化后 24 小时就可交配,交配后 1～3 天即可产卵,每头雌虫产卵 28～534 粒。还可进行孤雌生殖,后代均是雄虫。成虫具有趋黄、趋嫩、趋光性,并喜食辣椒植株的幼嫩部分。可利用这些特性诱杀白粉虱成虫。虫态在植株上分布从上向下为成虫、卵、若虫、蛹。白粉虱成虫活动最适温度22～30℃，繁殖适温18～21℃。在温室等设施内完成1代需1个月，1年可繁殖10代左右。白粉虱也可传播病毒病。

防治方法：①生物防治。在温室和大棚等保护设施内，可人工释放丽蚜小蜂、中华草蛉、赤座霉菌等天敌防治白粉虱。②物理防治。利用白粉虱的趋黄性，可在栽培地设置1米×0.1米的橙黄色板，在板上涂上10号机油（加入少量黄油）。每亩设30～40块，诱杀成虫效果较好。黄板设置高度与植株高度相平。隔7～10天再涂1次机油。③药剂喷雾防治。可用25%的扑虱灵2 500倍液、25%的灭螨锰1 200倍液、10%的联苯菊酯（天王星）、2.5%溴氰菊酯（敌杀死）3 000倍液、20%的氰戊菊酯（速灭杀丁）2 000倍液、三氟氯氰菊酯（功夫）3 000倍液喷洒，每周1次，连喷3～4次，不同药剂应交替使用，以免害虫产生抗药性。喷药要在早晨或傍晚时进行，此时白粉虱的迁飞能力较差。喷时要先喷叶正面再喷背面，使惊飞的白粉虱落到叶表面时也能触到药液而死。④熏烟防治。在保护地中采用熏烟法省工省力，效果更好，是很值得推广的新技术。温室或大棚等在傍晚密闭，然后用80%的敌敌畏乳油每亩250克掺锯末2千克熏烟，或用1%的溴氰菊酯、2.5%氰戊菊酯油剂用背负式机动发烟机施放烟剂，或用20%灭蚜烟剂熏烟，防治效果较好。

☞ 251.怎样防治辣椒蚜虫?

蚜虫又称腻虫，是辣椒生产中经常发生的害虫。为害辣椒的蚜虫主要有桃蚜、瓜蚜、茄无网蚜。为害时常群集在叶片背面和嫩茎上，刺吸辣椒汁液，造成植株营养不良。幼嫩叶被害时常卷曲皱缩。受害轻时产生退绿斑点,叶片发黄,重者叶片卷缩变形枯萎。蚜虫为害时还排出大量的蜜露污染叶片和果实,引起煤污病菌寄生,影响光合作用。蚜虫还可传播病毒病。

蚜虫繁殖的最适温是 18～24℃,25℃以上抑制发育,空气湿度高于 75%不利于蚜虫繁殖。所以,在较干燥季节危害更重。北方等地常在春(6 月)、秋(9 月)两季各有一个发生危害高峰。蚜虫对黄色、橙色有很强的趋向性,其次是绿色。但银灰色有避蚜虫的作用。

蚜虫繁殖力强,华北地区每年可发生 10 多代,长江流域一年可发生 20～30 代,只要条件适宜,全国各地周年繁殖和为害。主要以卵在露地越冬作物上越冬,温室等保护设施内冬季也可繁殖和为害。蚜虫还可产生有翅蚜,在不同作物、不同设施间和地区间迁飞,传播快。

防治方法:①物理和生物防治。利用黄板诱杀,方法与白粉虱相同。用银灰色薄膜进行地面覆盖或在大棚、温室等田间悬挂银灰色薄膜条,可起到避虫的作用。生物防治可用微生物农药 Bt 乳剂喷洒防治。②药剂喷雾防治。选用 50%辟蚜雾 2 500 倍液、抗蚜威 600 倍液、康福多等杀虫药防治。上述防治白粉虱的农药也适用于防治蚜虫,使用方法相同。③熏烟防治。方法同白粉虱。④搞好田间卫生。清除田园及附近的杂草,减少蚜虫来源。

☞ 252. 怎样防治辣椒茶黄螨?

茶黄螨以成虫和幼螨集中在辣椒植物幼嫩的部位刺吸汁液,造成植株畸形和生长缓慢。辣椒植株受害后,上部叶片变小变硬,叶背变黄褐色,有油质状光泽,叶缘向下卷曲,生长点枯死，不发新叶。茶黄螨繁殖速度很快，在28～32℃条件下4～5天就可繁殖1代，而在18～20℃下也只需7～10天。华北地区在大棚内一般在5月中下旬开始发生，6月中旬至9月中下旬为盛发期，露地危害高峰期在8～9月份，越夏恋秋栽培辣椒较易受害。冬季主要在温室内越冬，少数雌成虫可在冬季作物或杂草根部越冬，甚至危害。

茶黄螨靠爬行传播蔓延，还可借助人为携带或气流传播。茶黄螨生长繁殖的最适温度为16～23℃，最适空气湿度为80%～90%。温暖多湿的条件有利于茶黄螨发生蔓延，所以常在夏季发生较重。

防治方法：要在发生初期及时进行药剂防治，药剂可用73%的克螨特1 000倍液、25%灭螨锰1 200倍液、20%复方浏阳霉素1 000倍液、20%的三氯杀螨醇1 000倍液等。每隔7～10天喷1次，连续喷洒3次左右。喷药的重点是植株上部，尤其是幼嫩的叶背和嫩茎，对田间发病重的点或株加大喷药量。

253. 怎样防治辣椒蛴螬和蝼蛄？

蛴螬是金龟子的幼虫，主要在未腐熟的粪中产生，特别是生鸡粪中数量更多。蛴螬是多食性害虫，能为害多种蔬菜的幼苗。幼虫主要取食幼苗的地下部分，直接咬断根、茎，使全株死亡。耕层土温达到5℃时开始移向土表，13～18℃土温为活动盛期。蛴螬喜湿润，小雨连绵天气危害加重。其成虫有假死性、趋光性，对未腐熟的有机肥有较强的趋向性。

蝼蛄分非洲蝼蛄和华北蝼蛄，我国北方主要是华北蝼蛄，南方非洲蝼蛄为害较多。为害时成虫和若虫在土壤中咬食刚播下的种芽，或将幼苗咬断，受害的根部呈现麻状。蝼蛄在地下活动时将表土穿成许多隧道，易使幼苗与土分离，使幼苗失水而干枯致死。两种蝼蛄都有趋光性。对半熟的谷子、炒香的豆饼、麦麸及马粪等有机物有趋性。可利用这些特性诱杀蝼蛄。蝼蛄昼伏夜出，以午夜前几小时活动最盛，夜间气温低于15℃时白天活动，灌水后活动最盛。气温12～20℃，20厘米土温15～20℃，土壤含水量20%以上时是蝼蛄活动的适宜温湿度条件。低于15℃和土壤干燥时不利于蝼蛄的活动。华北地区每年3～4月份随地温升高，上升到耕层活动，4月中下旬至6月中旬是危害最重时期。一般黏重土壤发生少，而沙壤土危害重。

防治方法：①农业防治。秋后深翻土地，进行冻垡，可明显降低第二年的虫量。注意施用充分腐熟的有机肥，不施生粪。在有机肥中还可喷施辛硫磷(1立方米用50%的辛硫磷50毫升对水100倍)等杀虫农药。②药剂防治。发现有幼虫为害时可用90%的敌百虫800～1 000倍液或50%的辛硫磷1 000倍液灌根，或制成毒土撒在畦内。③毒饵诱杀。蝼蛄防治可用90%的敌百虫150克对水90倍拌煮的半熟的秕谷5千克，或对水30倍拌炒香的麦麸5千克，将毒饵撒在蝼蛄活动的隧道处，或隔3～4米挖1小坑，并埋入少量毒饵，每亩用毒饵2千克左右。④灯光诱杀。可用黑光灯诱杀成虫。

☞ 254.怎样防治辣椒烟青虫?

烟青虫又名烟夜蛾，在全国各地均能发生。主要以幼虫蛀食辣椒花、蕾、果实，有时也吃芽、叶、嫩茎。蛀食果实造成辣椒产量和品质严重下降。

成虫白天潜伏在叶背、杂草丛或枯叶中，晚上出来活动。卵散产在嫩叶、嫩茎和果柄处。蛀果时在近果柄处咬成孔洞，钻入果实内啃食果肉和胎座，同时排泄粪便造成果实腐烂。烟青虫有转果为害的习性，1 头幼虫可为害 3～5 个果，造成大量落果和烂果。

防治方法：①生物防治。喷洒 YYHA-273 棉铃虫核多角体病毒，可使烟青虫和棉铃虫交叉感染。喷洒杀螟杆菌粉或青虫菌粉，对防治 3 龄前烟青虫效果很好。②化学药剂防治。关键是要在孵化盛期至 2 龄期防治。把幼虫消灭在蛀入果实之前。可使用的农药有 50% 的辛硫磷乳油 1 500 倍。对 3 龄以下幼虫杀伤力达 90%以上，杀卵效果可达 50%，50%杀螟松乳油 1 000 倍，或 50%敌敌畏 1 000 倍等。喷药应着重于植株上部的幼嫩部位，每隔 5～7 天喷药 1 次，连喷 2～3 次。

255.怎样防治辣椒美洲斑潜蝇?

美洲斑潜蝇是蔬菜的毁灭性害虫。可为害 100 多种蔬菜和一些杂草，目前，已在大多数菜区发生危害。美洲斑潜蝇的寄主很广，可为害辣椒、黄瓜、番茄、茄子、架豆、豇豆、油菜、甜瓜、西瓜、冬瓜、丝瓜、西葫芦、莴笋、茼蒿等多种蔬菜。严重时可造成绝收。

以幼虫钻叶为害，在叶片上形成由细变宽蛇形弯曲的隧道，开始为白色，以后变成铁锈色，有的在白色隧道内还带有湿黑色细线。幼虫多时在短时间内叶面就被钻花干死。幼虫为米黄色无头蛆，很小，最长不超过 3 毫米，长成后钻出叶面化蛹。蛹为橙黄至金黄色，椭圆形，长 2 毫米左右，可自己滚动到地下。成虫为 2 毫米大小的蝇子，背部具有黄黑色亮点。

美洲斑潜蝇虫体微小，最短 12 天就可繁殖 1 代，一头成虫可产卵 300～500 粒，幼虫钻叶为害，成虫可飞行，农药防治易产生抗药性，所以，必须采取综合防治方法。

防治方法：①育无虫壮苗，防治从有虫区调幼苗或将蔬菜带到无虫区，对无虫区进行保护。②日常田间管理时，一旦发现刚发生叶片受害时立即摘除，并深埋。③搞好田间卫生，及时清除各种残茬或杂草，特别是已经发生虫害的地块。④保护地可结合换茬进行消毒。如在夏季可进行高温闷棚消毒。⑤利用成虫具有趋黄性，可用黄板涂机油进行诱杀。⑥及时采用药剂防治。根据美洲斑潜蝇的习性，喷药应在早晨或傍晚进行，农药宜选择兼具内吸和触杀作用的杀虫剂，并交替轮换使用。可选用 20%的康福多 20 000 倍液左右，或 20%的好年冬 1 500 倍液左右，或 2.5%的保得乳油 2 000 倍液，或 1.8%的爱福丁乳剂 2 000 倍液喷雾。

参 考 文 献

[1] 沈火林,等. 大棚青椒. 北京:中国农业科技出版社,1999.

[2] 中国农业科学院. 中国蔬菜栽培学. 北京:中国农业出版社,1987.

[3] 山东农业大学. 蔬菜栽培学(北方本). 北京:中国农业出版社,1989.

[4] 邹学校. 中国辣椒. 北京:中国农业出版社,2002.